AF557944

TONY KIRKHAM

# GARTENBÄUME

Haupt
NATUR

TONY KIRKHAM

# GARTENBÄUME

## AUSWAHL, KULTUR, PFLEGE

DIE SCHÖNSTEN ARTEN UND SORTEN IM PORTRÄT

Haupt Verlag

# Inhalt

# Einführung

## WERTVOLLE BÄUME

Ob in der Stadt oder auf dem Land: Wir betrachten Bäume oft als Selbstverständlichkeit, und erst wenn sie gefällt werden oder verschwinden, wird uns ihre Bedeutung für unser tägliches Leben bewusst. Sie sind die grüne Infrastruktur, die uns miteinander verbindet und zu jeder Jahreszeit das Auge erfreut. Oft zeichnen sie die harten, geradlinigen Strukturen von Gebäuden weicher und lockern die Landschaft durch ihre bloße Präsenz mit ihren kontrastreichen Farben und Formen auf.

In einem Wald, einem Park oder einem Garten vermitteln große oder kleine Bäume mehr als alle anderen Pflanzen Reife, Schatten, Privatsphäre und stattliche Beständigkeit (siehe Seite 124 und Seite 116). Aber sie sind nicht nur schön, sondern haben auch weitreichende Vorteile, denn sie wirken sich auf die Umwelt im weiteren Sinne aus, sind von kulturellem oder spirituellem Wert, steigern unser körperliches und geistiges Wohlbefinden und helfen, den Alltagsstress abzubauen.

Eine durchschnittliche gesunde, hundertjährige Eiche trägt etwa 100000 Blätter in ihrer Krone. Nebeneinander gelegt würden diese Blätter die Fläche eines Fußballfelds bedecken. An einem durchschnittlichen Sommertag absorbieren diese Blätter etwa 9 kg Kohlendioxid aus der Atmosphäre. Das Wurzelsystem nimmt 200 bis 400 Liter Wasser auf, das über die Blättern wieder verdunstet. Und als Nebenprodukt der Photosynthese entstehen etwa 7 kg Sauerstoff – genug, um eine fünfköpfige Familie zu versorgen.

Gleichzeitig filtern die Blätter auch schädliche Stoffe wie Treibhausgase und Schadstoffe, Bakterien, Pilzsporen und Staub aus der Luft. Darüber hinaus verringert das dichte Blätterdach die Lärmbelästigung, spendet Schatten, schützt an heißen Sonnentagen vor UV-Strahlung und wirkt als natürliche Klimaanlage, indem es die Luft durch Transpiration, also die Verdunstung von Wasser durch die Blätter, kühlt. Durch die Absorption von Wasser über die Wurzeln können Bäume Niederschläge auffangen, wodurch die Gefahr von Überschwemmungen verringert wird. Und sie können Bodenerosion verhindern, indem sie das abfließende Wasser nach einem Starkregen bremsen.

Doch trotz all dieser beachtlichen Eigenschaften pflanzen wir Bäume hauptsächlich in den Garten, weil sie eine gewisse Form von Privatsphäre bieten und weil sie einfach schön aussehen. Ihre verschiedenen Wuchsformen faszinieren ebenso wie ihr Laub, ihre Blüten, ihre Früchte und ihre

RECHTS: Die Frühlingsfärbung kann ebenso schön sein wie die Herbstfärbung. Die Sorte 'Jordan' des Fächer-Ahorns *(Acer shirasawanum)* trägt im späten Frühjahr goldgelb leuchtende Blätter.

Rinde. Und all das verändert sich im Lauf der Jahreszeiten und mit dem Alter des Baums. Mit diesem Ratgeber möchte ich Ihnen helfen, den perfekten Baum auszuwählen, zu pflanzen und erfolgreich zu pflegen.

## BÄUME IM GARTEN

In jedem Garten gibt es einen Platz für einen Baum, aber man sollte sich sehr genau überlegen, was man wohin pflanzt. Bevor Sie sich aber mit der Art und dem Standort beschäftigen, sollten Sie überlegen, warum Sie denn einen Baum pflanzen wollen. Möchten Sie einen Baum als Sichtschutz, als einzelnes Ziergehölz im Rasen oder in einem Beet pflanzen? Hätten Sie gern einen saisonalen Blickfang oder möchten Sie Wildtiere anlocken? Eine Sichtschutzpflanzung kann viele Gründe haben. Vielleicht möchten Sie ein Nachbargrundstück, ein Fenster, hässliches Straßenmobiliar oder eine stark befahrene Straße verbergen. Eine altmodische Koniferenhecke (× *Cuprocyparis leylandii*/Leyland-Zypresse) wächst zwar schnell und kostet nicht viel, ist aber keine besonders gute Lösung. Sie ist anfällig für Krankheiten, kann sehr hoch und breit werden und muss regelmäßig beschnitten werden. Wenn nach regelmäßigem starkem Rückschnitt die verholzten Äste freiliegen, ist kein Grün mehr zu sehen. Außerdem verbraucht so eine Hecke viel Wasser und Nährstoffe. Zudem beschattet sie den restlichen Garten, sodass andere Pflanzen es schwer haben.

Ein Baum sollte so gepflanzt werden, dass er den gewünschten Sichtschutz bietet, ohne den übrigen Garten zu stark zu verdunkeln. Informieren Sie sich vor der Pflanzung über Höhe und Breite des ausgewachsenen Baums. Versuchen Sie, einen oder zwei Bäume auszuwählen, die für die Größe Ihres Gartens geeignet sind, und pflanzen Sie sie in regelmäßigem oder unregelmäßigem Abstand zur Grundstücksgrenze, um diese abzuschirmen und optisch aufzulockern, ohne dass der Pflegeaufwand zu groß wird. Halten Sie aber genug Abstand zur Grenze, denn wenn Äste in den Garten des Nachbarn ragen, darf er sie absägen. Das kann die Form beeinträchtigen und den Baum schwächen.

Für einen Zierbaum muss der Standort geschickt gewählt werden. Einerseits möchten Sie den Baum sehen können, andererseits soll er keine wichtigen Sichtachsen oder Ausblicke versperren oder andere Teile des Gartens beeinträchtigen. Achten Sie darauf, dass der Baum nicht zu nahe am Haus steht, damit er auch in Zukunft keine Probleme verursacht (siehe Seite 14). Weitere Ideen finden Sie im Kapitel «Fünf Highlights für kleine Gärten» auf Seite 78.

Viel Freude macht es, Wildtiere mit Bäumen in den Garten einzuladen. Empfehlenswert sind dafür einheimische Bäume, die fleischige Früchte tragen, zum Beispiel Vogelbeere *(Sorbus aucuparia)*, Weißdorn *(Crataegus monogyna)* und Wild- oder Vogel-Kirsche *(Prunus avium)*. Allerdings scheiden die Vögel die gefressenen Früchte wieder aus, darum sollten Sie solche Bäume nicht in der Nähe von Terrassen, Fenstern, Privateinfahrten oder Parkplätzen pflanzen. Auch mit einem ökologischen Holzstoß (siehe Seite 70) oder einem Insektenhotel (siehe Seite 94) kommt mehr Leben in den Garten.

## WAS IST EIN BAUM?

Die Antwort ist nicht so offensichtlich, wie man denken möchte, denn große Sträucher wie Stechpalme *(Ilex)* oder Hasel *(Corylus)*

*Kommunizieren Bäume miteinander?*
Die meisten Menschen reden gelegentlich mit Pflanzen. Das ist gut für das geistige und seelische Wohlbefinden – und Pflanzen widersprechen uns nicht. Aber sprechen Bäume auch miteinander? Führen wir uns einmal ihre Lebensgewohnheiten vor Augen. Bäume wachsen meist in Wäldern, nur selten stehen sie allein. Wir wissen heute, dass Wälder komplexe Lebensgemeinschaften sind, die durch ein unterirdisches Netzwerk von Pilzen, den so genannten Mykorrhizen, miteinander verbunden sind. Zwischen Pilzen und Bäumen besteht eine symbiotische Beziehung. Die Mykorrhizapilze ermöglichen den Austausch von Nährstoffen und Zucker und tragen dazu bei, schwächere Bäume vor Trockenheit zu schützen. Gleichzeitig übermitteln sie Informationen zwischen Bäumen, sogar zwischen verschiedenen Arten, und stärken deren Widerstandskraft gegen Krankheiten und Schädlinge. Als Gegenleistung dürfen sie von ihrem Wirt leben, indem sie ihn anzapfen.

Bäume kommunizieren miteinander, indem sie in Notlagen Pheromone, Ethylen und andere Duftsignale in die Luft aussenden. Wenn ein anderer Baum diese Gase durch seine Blätter aufnimmt, kann er Maßnahmen ergreifen, um sich zu schützen. Meist steigt dann der Tanningehalt, wodurch die jungen, eigentlich zarten Blätter ungenießbar werden. Letztlich handelt es sich um eine Art von Kommunikation durch Gerüche. Also ja, Bäume kommunizieren, allerdings anders als wir.

werden manchmal als «Baum» bezeichnet. Andererseits gibt es sehr kleine Bäume wie den Fächer-Ahorn *(Acer palmatum).* Im botanischen Sinn ist ein Baum eine langlebige Pflanze mit einem verholzten und von Rinde umgebenen Stamm, der ein Gerüst aus Ästen bildet. Aus diesem entspringen die sekundären Zweige, die Blätter oder Nadeln tragen und die Krone bilden. Umfang und Länge von Stamm und Ästen nehmen jährlich zu, dadurch entstehen die Jahresringe. Das Wurzelsystem (siehe Seite 13) verankert Stamm und Krone im Boden.

Grundsätzlich gibt es zwei Typen von Bäumen: **Laubbäume**, deren Holz relativ hart ist, und **Nadelbäume**, die weicheres Holz bilden. Beide Baumtypen können entweder **immergrün** sein (d. h. sie behalten Laub oder Nadeln über Winter) oder **sommergrün** (d. h. sie werfen Laub oder Nadeln im Herbst ab). Die Stiel-Eiche *(Quercus robur)* ist ein sommergrüner Laubbaum, die Stein-Eiche *(Q. ilex)* ist ein immergrüner Laubbaum. Die Wald-Kiefer *(Pinus sylvestris)* ist ein immergrüner, die Europäische Lärche *(Larix decidua)* ein sommergrüner Nadelbaum.

## WUCHS- UND KRONENFORM

Kein Baum gleicht dem anderen, selbst wenn es sich um dieselbe Art handelt. Das Wachstum aller lebenden Pflanzen wird durch viele Faktoren beeinflusst, beispielsweise unterschiedliche Bodentypen, lokale klimatische Bedingungen (einschließlich Regen, Wind und Licht) und verschiedene Umweltfaktoren (wie Verschmutzung, Raum und menschliche Aktivitäten). Es gibt jedoch eine Reihe typischer Wuchsformen, die man kennen sollte, um den richtigen Baum für einen bestimmten Standort zu wählen. Bei eher engen Platzverhältnissen ist beispielsweise ein säulenförmiger Baum besser geeignet als ein Baum mit einer ausladenden Krone. Baumkronen können rund, ausladend, oval, pyramidal, konisch, vasenförmig, säulenförmig, offen oder hängend (Trauerwuchs) sein.

## TEILE EINES BAUMS

Es ist wichtig, die genauen Bezeichnungen für die verschiedenen Teile eines Baumes zu kennen, um zu verstehen, wie ein Baum wächst, und besser entscheiden zu können, ob eine bestimmte Baumart in den Garten passt.

*Wurzel und Wurzelteller*
Mit den Wurzeln verankert sich der Baum im Boden. Ihre Größe, Breite und Tiefe nehmen daher mit dem Wachstum des Baums zu. Die Wurzeln dienen dem Baum auch zur Aufnahme von Wasser und Nährstoffen und zur Speicherung von Energie. Das Wurzelgeflecht, das sich in der oberen Bodenschicht befindet, wird als Wurzelteller bezeichnet. Es ist kein Spiegelbild des oberen Teils des Baumes, wie oft fälschlicherweise angenommen wird.

*Wurzelkrone*
Der Übergangsbereich zwischen den Wurzeln und dem Hauptstamm wird als Wurzelkrone oder Wurzelhals bezeichnet. Bei ausgewachsenen Bäumen ist dieser Bereich aufgeweitet oder gestaucht.

*Stamm*
Die Hauptaufgabe des Stamms besteht darin, die Baumkrone zu stützen, damit sie zum Sonnenlicht hin wachsen und mit anderen Bäumen in einem Wald konkurrieren kann. Er dient auch dazu, Wasser und Nährstoffe von den Wurzeln zur Baumkrone zu transportieren und die Nahrung von den Blättern in alle anderen Teile des Baumes zu verteilen.

*Rinde*
Die äußere Schicht des Stamms wird als Rinde bezeichnet. Diese wasserdichte Gewebeschicht schützt den Baum vor Witterungseinflüssen, Schädlingsbefall, Krankheiten und Schäden durch Tiere. Die Rinde kann glatt, gefurcht, schuppig, plattenförmig, papierartig oder sogar stachelig sein.

Bäume mit dekorativer Rinde: (oben links) *Prunus serrulata*, (oben rechts) *Castanea sativa*, (unten links) *Acer griseum* und (unten rechts) *Arbutus menziesii*.

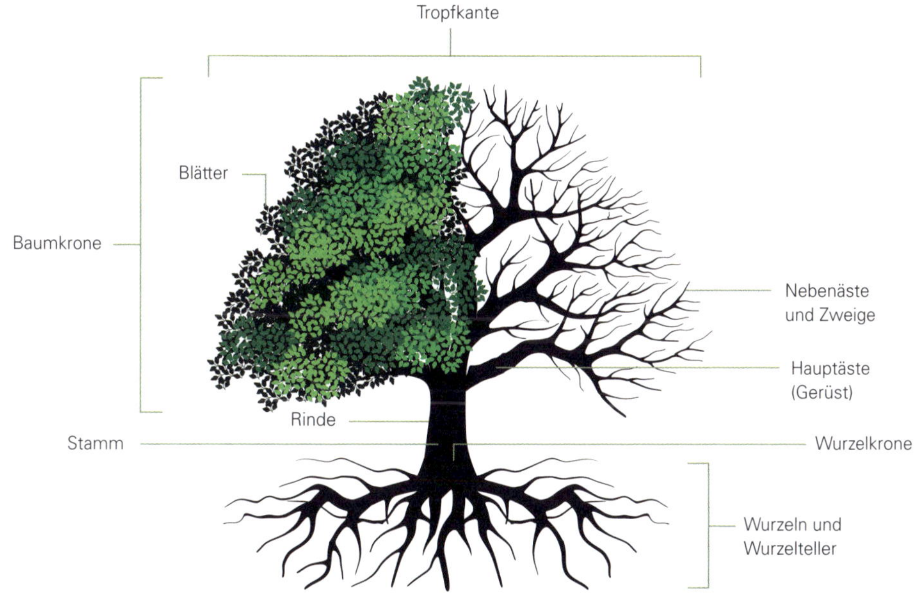


Die Teile eines Baumes

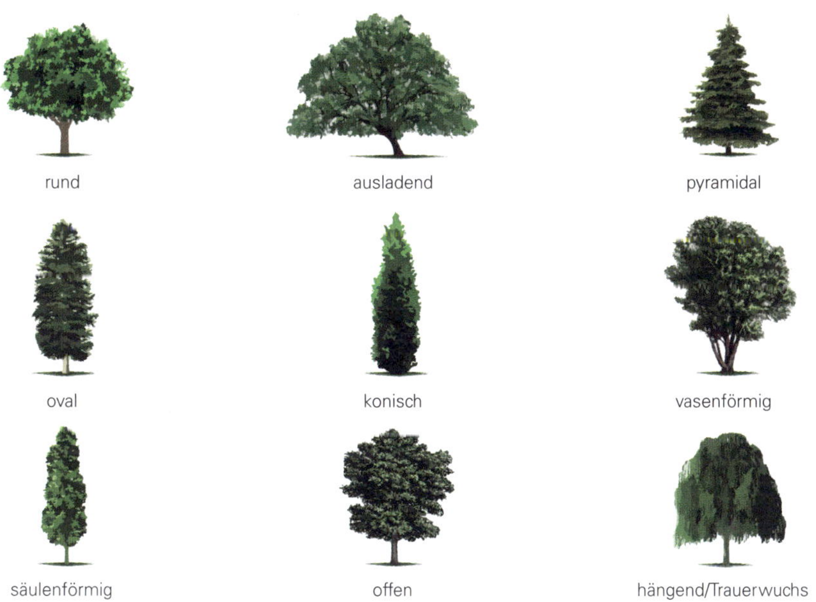


Wuchs- und Kronenformen von Bäumen

*Gerüst*
Die Hauptäste bilden das Gerüst der Krone. Aus ihnen entspringen die Nebenäste und Zweige, an denen Blätter, Blüten und Früchte erscheinen.

*Baumkrone*
Dies ist der obere Teil des Baumes, der aus dem Stamm herauswächst. Er besteht aus dem Gerüst und den kleineren Ästen und Zweigen, die das Laub tragen. Der äußere Rand der Krone wird als Tropfkante bezeichnet. Hier ist der Boden oft besonders feucht, weil das Regenwasser von der Krone abtropft.

*Blätter*
Die Blätter (oder das Laub) eines Baumes sind während der Vegetationsperiode meist grün, denn sie enthalten Chlorophyll, das während der Photosynthese zur Umwandlung von Sonnenlicht und Kohlendioxid in Energie und Sauerstoff benötigt wird. Im Herbst wird das Chlorophyll abgebaut und andersfarbige Pigmente – die Carotinoide und Anthocyane – werden sichtbar (siehe Seite 50).

*Wie viel Abstand zu Gebäuden?*
Als Faustregel gilt: Der Abstand eines Baumes zum Haus sollte Dreiviertel seiner endgültigen Höhe betragen. Ein großer Baum wie eine Stiel-Eiche *(Quercus robur)*, die bis 30 m hoch werden kann, sollte also in einem Abstand von mindestens 22 m zum Haus gepflanzt werden. Kleinere Bäume wie Birke *(Betula)*, Kirsche *(Prunus)* oder Vogelbeere *(Sorbus)* können näher am Haus wachsen, weil weniger Gefahr besteht, dass ihre Wurzeln das Fundament oder Mauerwerk beschädigen. Pflanzen Sie Bäume nicht direkt über unterirdische Stromkabel, Gasleitungen, Wasserrohre oder andere Versorgungsleitungen. Falls bei einer späteren Reparatur Baggerarbeiten nötig werden, kann der Baum Schaden nehmen. Dann war die Investition umsonst.

Generell verursachen kleine Bäume nur selten Schäden an Gebäuden. Selbst wenn sie umstürzen, halten sich die Schäden meist im Rahmen.

Diese beiden Bäume (*Acer griseum* und *Betula nigra* 'Heritage') eignen sich für kleine bis mittelgroße Gärten, sollten aber nicht zu dicht ans Haus gepflanzt werden.

## DIE BLÄTTER VON LAUBBÄUMEN

Blätter können in einem Wirtel an einem Zweig (wie bei *Catalpa*), abwechselnd entlang des Zweigs (wie bei Buche/*Fagus*) oder paarweise gegenüberliegend (wie bei Ahorn/*Acer*) angeordnet sein. Im Winter sind auch die schlafenden Blattknospen ein hilfreicher Anhaltspunkt für die Identifizierung eines Baumes. Blätter gibt es in einer Vielzahl von Formen, aber wir können sie in zwei Grundtypen einteilen: einfache und zusammengesetzte Blätter.

*Einfache Blätter*

Ein einfaches Blatt hat eine einzelne, zusammenhängende Blattspreite, die durch einen Blattstiel oder Petiolus am Zweig befestigt ist. Die Blattränder können glatt, gezähnt, gelappt, geteilt oder handförmig sein.

- glattrandig – Buche *(Fagus)*
- gezähnt – Birke *(Betula)* oder Hainbuche *(Carpinus)*
- gelappt – Stiel-Eiche *(Quercus robur)* oder Pyrenäen-Eiche *(Q. pyrenaica)*
- geteilt – Rot-Eiche *(Q. rubra)* oder Shumard-Eiche *(Q. shumardii)*
- handförmig – Ahorn *(Acer)* oder Amerikanischer Amberbaum *(Liquidambar styraciflua)*

*Zusammengesetzte Blätter*

Sie bestehen aus mehreren kleinen Einzel- oder Fiederblättchen, von denen jedes mit einem eigenen kurzen Stiel an einem gemeinsamen Hauptblattstiel sitzt. Die Fiederblättchen können glatte oder gezähnte Ränder haben.

- pinnat – Vogelbeere *(Sorbus)*
- trifoliat – Zimt-Ahorn *(Acer griseum)*
- zusammengesetzt handförmig – Indische Rosskastanie *(Aesculus indica)*

**ganzrandig**
*Fagus × taurica*

**gezähnt**
*Carpinus betulus*

**gelappt**
*Quercus pyrenaica*

**geteilt**
*Quercus shumardii*

**handförmig (palmat)**
*Acer forrestii*

**pinnat**
*Sorbus commixta*

**trifoliat**
*Acer griseum*

**zusammengesetzt palmat**
*Aesculus indica*

## KONIFEREN UND IHRE NADELN

Die Blätter von Koniferen sind meist so gestaltet, dass sie auch bei rauem Wetter wie Trockenheit, Wind, Schnee und Kälte überleben. Sie können lang und schmal sein (Nadeln), aber auch flach, dreieckig oder schuppenförmig. Beide Formen haben eine wachsartige Oberfläche und Spaltöffnungen, die in Rillen verborgen liegen, dem Gasaustausch und damit der Photosynthese dienen. Es gibt vier Hauptkategorien:

*Ahlenförmig*

Sie sehen aus wie kleine Zähne und bestehen aus vielen kleinen, übereinanderliegenden Nadeln.

- Japanische Sicheltanne *(Cryptomeria japonica)*

*Linear*

Im Querschnitt nicht rund, sondern abgeflacht und an den Zweigen aufgereiht.

- Nordmann-Tanne *(Abies nordmanniana)*
- Douglasie *(Pseudotsuga menziesii)*
- Hemlocktanne *(Tsuga heterophylla)*

*Nadelförmig*

Grün, manchmal mit bläulichem Schimmer, und rundem Querschnitt, in Büscheln oder Gruppen an den Zweigen.

- Gruppen von 2, 3 oder 5: Kiefern, Wald-Kiefer *(Pinus sylvestris)*
- Gruppen von 15–35: echte Zedern, Libanon-Zeder *(Cedrus libani)*
- Einzeln an den Zweigen: Fichten, Gemeine Fichte *(Picea abies)*

*Schuppenförmig*

Hierbei handelt es sich um winzige, mit Schuppen bedeckte Zweige.

- Wacholder *(Juniperus communis)*, Riesen-Lebensbaum *(Thuja plicata)* oder Zypressen *(Cupressus sempervirens)*

**ahlenförmig**
*Cryptomeria japonica*

**linear**
*Abies nordmanniana*

**linear**
*Pseudotsuga menziesii*

**linear**
*Tsuga heterophylla*

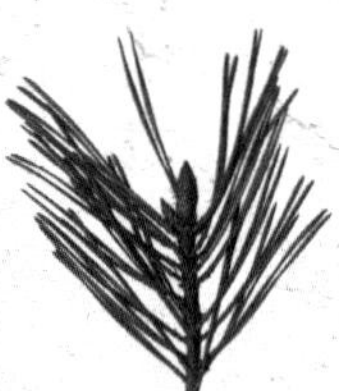

**nadelförmig**
*Pinus sylvestris*

**nadelförmig**
*Cedrus libani*

**nadelförmig**
*Picea abies*

**schuppenförmig**
*Thuja plicata*

Die endgültige Größe muss bei der Standportwahl berücksichtigt werden. Neu gepflanzte Yoshino-Kirschen (*Prunus × yedoensis*).

## DER RICHTIGE BAUM AM RICHTIGEN PLATZ

Einen Baum zu pflanzen, ist eine langfristige Investition. Der Baum soll nach der Pflanzung und Eingewöhnung viele Jahre an seinem neuen Standort stehen, um Ihnen und künftigen Generationen Freude zu bereiten. Deshalb ist es wichtig, den Standort so zu wählen, dass der Baum ohne größere Störungen zu seiner potenziellen Größe und Form heranwachsen kann. Ein wichtiges Kriterium sind daher die Platzverhältnisse. Wählen Sie einen Standort, an dem der Baum weder das Haus beschattet, noch physische Schäden an den Fundamenten verursacht (siehe Seite 10 und Seite 14). Stellen Sie sich an den geplanten Platz und tun Sie so, als wären Sie der ausgewachsene Baum. Drehen Sie sich einmal im Kreis und überlegen Sie, wie viel Platz Sie im Lauf des Wachstums benötigen werden. Breiten Sie Ihre Arme wie die Äste des Baumes aus und achten Sie auf alles, was sich über dem Boden befindet, beispielsweise Gebäude oder Kabel, die das Höhen- und Breitenwachstum und die Entwicklung des Bau mes behindern könnten.

*Die Bodenqualität*

Eine wichtige Voraussetzung für das Gedeihen ist, dass dem Baum die Bodenverhältnisse in Ihrem Garten zusagen.

Der Judasbaum *(Cercis siliquastrum)* eignet sich für trockene Gartenbereiche. Die rosa Blüten erscheinen vor den Blättern.

Sie sollten also wissen, mit welcher Bodenart Sie es auf Ihrem Grundstück zu tun haben. Das lässt sich relativ leicht feststellen, indem Sie sich in benachbarten Gärten, Parks und Wäldern umsehen und darauf achten, welche Arten dort häufig wachsen und gesund aussehen. Wählen Sie dann eine Art aus, die mit diesen eng verwandt ist oder ähnliche Merkmale aufweist.

Viele Gartenböden sind durch jahrelange Kultivierung verändert worden, vor allem durch die Zugabe von Kompost oder synthetischen Düngemitteln. Sie können auch verdichtet sein oder weder strukturgebende Materialien, noch Nährstoffe oder organische Stoffe enthalten, weil sie nicht bearbeitet wurden. Für einen schnellen Test rollen Sie etwas Gartenerde in der Hand, um festzustellen, ob es sich um einen sandigen, lehmigen oder schluffigen Boden handelt und ob er die Ansprüche Ihrer gewünschten Baumart erfüllt (siehe Pflanzenporträts, Seite 46–129).

Ein weiterer wichtiger Aspekt ist der pH-Wert (der Säuren- und Basengehalt des Bodens). Mit einem einfachen Set aus dem Gartencenter lässt er sich schnell bestimmen. So finden Sie heraus, welche Bäume Sie pflanzen können, ohne den Boden regelmäßig ihren Bedürfnissen anzupassen. Auch Sonnenlicht und Wind spielen bei der Auswahl des Standorts eine Rolle.

*Handelsübliche Baumformen und -größen*

**Setzlinge:** Setzlinge sind kleine, meist 3–4 Jahre alte Laub- oder Nadelgehölze für Hecken, Windschutzpflanzungen oder Gehölzbeete. Bei manchen Laubbaumarten gibt es Setzlinge ohne Seitentriebe.

**Einjährige:** junge Bäume mit einem etwa fingerdicken Stamm von bis zu 1,2 m Höhe. Sie sind ein Jahr alt und können Seitentriebe besitzen. Obstbäume und veredelte Zierbäume werden oft in diesem Alter verkauft.

**Buschbäume:** einstämmige Bäume mit Seitentrieben, die bereits dicht über Bodenhöhe beginnen.

**Hochstämme:** Bäume mit einem einzelnen, aufrechten Stamm (in beliebiger Höhe), einem deutlichen Leittrieb oder einer gleichmäßigen, gut ausgebildeten, verzweigten Krone (siehe Seite 110).

**Mehrstämmige Bäume:** Bäume mit 3–5 Hauptstämmen. Sie werden in der Baumschule auf den Stock gesetzt (siehe Seite 41).

verzweigter Setzling | unverzweigter Setzling | Einjähriger

Buschbaum | Hochstamm | mehrstämmiger Baum

Die meisten Bäume brauchen volle Sonne, manche vertragen auch Halbschatten. Im tiefen Schatten gedeihen aber die wenigsten. An windigen Standorten müssen sie gestützt werden (siehe Seite 26). Wind kann den Boden austrocknen und bei Sturm können Äste und Zweige abbrechen.

*Winterhärte*
Bei den Porträts der Bäume in diesem Buch ist jeweils die Winterhärte angegeben, die besagt, mit welcher Minimaltemperatur die Pflanzen zurechtkommen. Neben der Temperatur spielen für das Überleben im Winter aber viele weitere Aspekte eine Rolle, etwa die Wind- und Grundwasserverhältnisse, Bodenart und Niederschlagsmenge. Auch einzelne Sorten können von der Winterhärte der reinen Art deutlich abweichen. Bevor Sie sich für einen Baum entscheiden, sollten Sie wissen, in welcher Winterhärtezone Sie leben, und sich vergewissern, dass die von Ihnen gewählte Pflanze in Ihrem Gebiet winterhart ist. Fragen Sie im Zweifelsfall bei der Gärtnerei oder Baumschule nach, wo Sie die Bäume kaufen.

*Einen Baum auswählen*
Die Wahl des Baumes ist letztlich eine persönliche Entscheidung und soll Freude machen. Es gibt für jede Situation den passenden Baum. Nachdem Sie den Platzbedarf und die Bedingungen des potenziellen Standorts ausgelotet haben, können Sie sich mit den dekorativen Eigenschaften des Baums befassen.

Bäume begeistern rund ums Jahr mit verschiedensten Merkmalen – Größe, Form und Farbe der Blätter, Blüten, Früchte und Rinde. Manche Bäume bieten sogar zu mehreren Jahreszeiten etwas fürs Auge, etwa Blüten im Frühjahr und Früchte im Herbst. Sie haben darum in besonderem Maß einen Platz im Garten verdient (siehe Seite 78).

## DER EINKAUF

Es gibt verschiedene Möglichkeiten, einen Baum zu beschaffen. Wenn Sie sichergehen wollen, ein schönes und gesundes Exemplar zu bekommen, sollten Sie eine Baumschule oder ein Gartencenter besuchen, sich die Bäume selbst anschauen und genau den Baum auswählen, den Sie haben möchten. Die meisten Händler begrüßen diese Vorgehensweise und geben gern alle nötigen Informationen und Ratschläge.

Manche Online-Händler verschicken auf Anfrage Fotos, die bei der Auswahl helfen können. Ich ziehe es vor, persönlich in die Baumschule zu gehen und den Baum auszusuchen, vor allem wenn es sich um eine große Baumschule handelt. Dennoch ist auch der Versandhandel eine Alternative. Es gibt viele Baumschulen, die Bäume online verkaufen, aussagefähige Beschreibungen veröffentlichen und einen guten Lieferservice bieten.

*Biologische Sicherheit*
Eine ernsthafte Bedrohung für unsere Bäume ist die Einschleppung exotischer Schädlinge und Krankheiten aus Übersee, die potenziell Baumbestände zerstören und verheerende Auswirkungen auf die heimische Flora haben können. Beispiele sind das Eschensterben (siehe Seite 133) und die Ulmenkrankheit. Sicherer ist es, einheimische Bäume aus seriösen Baumschulen in der Nähe zu kaufen.

Bringen Sie keine Samen oder Stecklinge von Auslandsurlauben mit. Es besteht die Gefahr, dass Sie mit dem Pflanzenmaterial einen neuen Schädling oder eine neue Krankheit einschleppen.

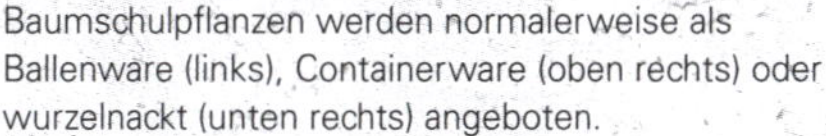

Baumschulpflanzen werden normalerweise als Ballenware (links), Containerware (oben rechts) oder wurzelnackt (unten rechts) angeboten.

*Baumschulware*

In Baumschulen kann man Pflanzen in verschiedenen Größen zu ganz unterschiedlichen Preisen kaufen, vom Setzling bis zum stattlichen Baum (siehe Seite 19). Alle wurden in der Baumschule herangezogen. Welche Art von Wurzelsystem ein Baum hat, hängt von Größe und Alter. Kaufen Sie den Baum **wurzelnackt**, sind die Wurzeln frei und sauber, also nicht von Erde umgeben. Wer einen solchen Baum kauft, sollte die Wurzeln in einen stabilen Plastiksack oder eine ähnliche Schutzhülle packen, damit sie nicht austrocknen. Wurzelnackte Bäume sind meist am günstigsten.

Für **Ballenware** wird der Baum unmittelbar vor dem Kauf auf dem Feld ausgegraben, Sie erhalten also die Wurzeln mitsamt dem daran hängenden Erdballen. Dieser wird in Sackleinen oder feinmaschigen Draht gewickelt, damit er beim Transport nicht zerfällt.

Bei **Containerware** handelt es sich um Pflanzen, die mindestens eine volle Saison lang im Pflanzgefäß gewachsen sind. Es gibt verschiedene Arten von Pflanzgefäßen, von starren schwarzen Plastiktöpfen über spezielle Pflanzsäcke bis hin zu perforierten Töpfen aus recyceltem Kunststoff, durch deren Löcher die Wurzeln hinauswachsen können.

**Getopfte Ware.** Bei Pflanzen in Behältern ist ein wichtiger Unterschied zu beachten. Getopfte Ware wird ausgegraben, in Gefäße gesetzt und verkauft, bevor die Pflanzen sich im neuen Substrat verwurzelt haben. Oft werden wurzelnackte Pflanzen, die am Ende der Pflanzsaison noch nicht verkauft sind, in Behälter gepflanzt, um den Verkaufszeitraum zu verlängern. Nimmt man sie aus dem Gefäß, hat man es aber im Grunde mit wurzelnackten Pflanzen zu tun. Ein typisches Beispiel sind Weihnachtsbäume, die ausgegraben und nur für die Feiertage in Kübel gepflanzt werden. Solche Bäume sind also noch nicht lange im Kübel gewachsen. Kultivieren Sie lieber selbst einen Tannenbaum im Kübel, den Sie jedes Jahr ins Haus holen (siehe Seite 84).

## VERSORGUNG ZWISCHEN KAUF UND PFLANZUNG

Bäume sind Lebewesen und sollten auch so behandelt werden. Sorgen Sie nach dem Kauf dafür, dass der Baum sicher an seinen Pflanzort gelangt. Die meisten Baumschulen und Gartencenter bieten für große Pflanzen einen Lieferdienst an. Während des Transports sollten das Wurzelwerk, der Stamm und die Äste des Baumes geschützt werden, um mögliche Schäden zu vermeiden, insbesondere durch Reiben der Rinde an scharfen Kanten.

*Vorübergehende Lagerung*

Je früher der Baum nach der Lieferung gepflanzt wird, desto besser. Lagern Sie den Baum in der Zwischenzeit an einem sicheren, windgeschützten Platz im Freien. Die Wurzeln müssen vor Austrocknung geschützt sein. Wurzelnackte Bäume können im Herbst und Winter «eingeschlagen» werden: Heben Sie zunächst einen kleinen Graben aus und häufen Sie die Erde auf einer Seite des Grabens zu einem kleinen Wall auf. Nun die Wurzeln aus der Schutzhülle nehmen und so in den offenen Graben legen, dass der Stamm schräg an dem Wall lehnt. Bedecken Sie die Wurzeln im Graben mit lockerer Erde, sodass ein leichter Erdhügel entsteht. Achten Sie darauf, dass keine Wurzeln freiliegen oder aus dem Graben ragen. Die Pflanzen gießen und den Boden anschließend nicht austrocknen lassen. Durch das Einschlagen gewinnen Sie etwas Zeit bis zum Einpflanzen.

Container- und Ballenware enthalten ausreichend Substrat, das die Wurzeln schützt, vorausgesetzt, Sie lassen das Substrat bis zur Pflanzung nie austrocknen.

*Tipps für die Baumpflege*

Immer:

- Bäume am Wurzelballen oder Container tragen, nie am Stamm.
- Container- und Ballenware aufrecht stehend lagern.
- Den Baum während der Lagerung mit Luft, Licht und Wasser versorgen.

Nie:

- Den Baum aus größerer Höhe fallen lassen.
- Einen Baum in einem warmen Gebäude lagern.
- Wurzeln oder Substrat austrocknen lassen.

Diese wurzelnackten Douglasien (*Pseudotsuga menziesii*, oben) und Haseln (*Corylus avellana*, links) wurden vorübergehend in einem Graben im Garten «eingeschlagen». So sind die Wurzeln bis zur endgültigen Pflanzung gut geschützt.

## EINEN BAUM PFLANZEN

Bei der Pflanzung sind immer die Bedingungen im individuellen Garten zu berücksichtigen, ein allgemeingültiges Patentrezept gibt es nicht. Einige Grundregeln sollten Sie aber beachten, damit ihr Baum gut anwächst und gesund bleibt.

*Die beste Zeit, einen Baum zu pflanzen, war vor 20 Jahren. Die zweitbeste Zeit ist jetzt.*

(Chinesisches Sprichwort)

*Der richtige Zeitpunkt*

Was ist die beste Jahreszeit, um einen Baum zu pflanzen? Bei entsprechender Pflege können Sie zu jeder Jahreszeit pflanzen. Die ideale Zeit sind jedoch der Herbst, der Winter und der frühe Frühling. Ich bevorzuge eine Herbstpflanzung, da die Wurzeln dann bis weit in den Winter hinein wachsen und sich gut verankern können, während die Baumkrone ruht.

*Ausrüstung*

Damit die Arbeit gut von der Hand geht, sollten Sie das richtige Werkzeug parat haben:

- Spaten
- Grabgabel
- Halbmondspaten (bei Pflanzung im Rasen)
- Schnur
- stabiler Bambusstab oder Holzlatte
- hochwertige, scharfe Rosenschere

*Vorbereitung*

Stellen wir uns vor, den Baum in einen Rasen zu pflanzen. Die Grundregeln gelten aber auch für jeden anderen Standort. Befestigen Sie eine lange Schnur an dem Punkt, an dem der Baum stehen soll, und zeichnen Sie einen Kreis mit einem Durchmesser von 1,5 m oder mehr an. Nun die Grasnarbe entfernen und kompostieren, um die Bodenoberfläche freizulegen. Markieren Sie innerhalb des Kreises ein Quadrat und heben Sie ein Loch in Spatentiefe (ca. 28 cm) aus, eventuell auch tiefer, wenn die Baumwurzeln länger sind. Den Baum aus dem Pflanzgefäß nehmen. Wurzeln, die spiralförmig um den Ballen wachsen, herausziehen und mit einer Rosenschere abschneiden.

Den Baum in die Mitte des Pflanzlochs setzen. Die Stelle am Stamm, bis zu der das Substrat im Container reichte, soll auf Höhe der umgebenden Grasnarbe oder – in einem Beet – auf Höhe der umgebenden Erdoberfläche liegen. Prüfen Sie von allen Seiten, ob der Baum gerade steht, und füllen Sie dann den Aushub aus dem Pflanzloch wieder ein. Dabei wird jede Schicht mit dem Fuß verdichtet. Füllen Sie so viel Erde auf, bis das Gras- oder Erdniveau erreicht ist. Der Boden muss nicht mit Zusatzstoffen wie Kompost oder Dünger angereichert werden, ein neu gepflanzter Baum braucht das nicht.

Wenn Sie fertig sind, sollte die Oberseite des Wurzelballens noch an der Basis des Baumstamms sichtbar sein. Verteilen Sie auf der bearbeiteten Oberfläche eine 10 cm dicke Mulchschicht, aber halten Sie etwas Abstand zum Stamm (siehe Seite 29). Der Mulch verhindert Konkurrenz durch Unkraut und verringert die Verdunstung von Bodenfeuchtigkeit, so dass weniger gewässert werden muss. Wässern Sie nach dem Mulchen gut, damit der Boden nicht verkrustet und der Baum besser anwächst. Falls nötig, zuletzt Zweige, die bei Transport oder Pflanzung beschädigt wurden, mit einer scharfen Rosenschere abschneiden.

Innerhalb des abgetragenen Kreises im Rasen ein Loch in Spatentiefe ausheben.

Den Baum so tief ins Pflanzloch setzen, wie er vorher im Container stand.

Das Pflanzloch mit dem Aushub auffüllen und zwischendurch mehrmals gut festtreten.

Biologischen Mulch auf der Oberfläche verteilen, aber etwas Abstand zum Stamm halten.

*Grundregeln bei der Baumpflanzung*

- Unbedingt geeignetes Werkzeug verwenden.
- Ein quadratisches Pflanzloch in ausreichender Tiefe für das Wurzelwerk ausheben.
- Den Baum in der korrekten Tiefe ins Pflanzloch setzen.
- Den Aushub ohne Zusätze schichtweise einfüllen und festtreten.
- Organischen Mulch auf der Baumscheibe verteilen.

## EINEN BAUM ANBINDEN

Steht der Baum an einem windgeschützten Platz, muss er nicht unbedingt gestützt werden. Wenn der Baum hoch ist, das Wurzelwerk im Verhältnis zum oberirdischen Teil klein oder der Standort windig, sollten Sie den Baum anbinden. Diese Frage ist für jeden Baum und jeden Standort individuell zu entscheiden. Schlagen Sie keine Stützen ein, «weil man es eben tut».

Wenn der Baum relativ klein ist und einen biegsamen Stamm hat, genügt oft ein stabiler Bambusstab. Er wird direkt neben dem Stamm in den Boden gerammt, dann wird der Baum mit einem geeigneten Material angebunden. Dieses darf nicht in die Rinde einschneiden und muss nachgeben, wenn der Baum dicker wird. Am besten ist eine Bindung in Achtform, wobei zwischen Baum und Stütze etwa eine Handbreit Luft bleiben sollte.

Ein größerer Baum benötigt mehr Halt, beispielsweise durch einen runden Holzpfahl, den Sie auf der Windseite des Baums platzieren. Denken Sie beim Einschlagen des Pfahls daran, dass Sie ihn innerhalb der nächsten zwei Jahre wieder entfernen müssen. Er soll nur den Baum halten, keinen Ozeandampfer. Die Einschlagtiefe richtet sich nach der Größe des Baums.

Es gibt mehrere verschiedene Methoden, einen Baum zu stützen, aber wie bei der Pflanzung sollten Sie in allen Fällen einige Grundregeln beachten. Die gängigste Stützmethode ist ein einzelner Pfahl, dessen Länge ein Drittel der Gesamthöhe des Baumes betragen sollte. Der Baum wird knapp unterhalb der Spitze des Pfahls mit einem handelsüblichen Baumbinder befestigt. Verwenden Sie weder Schnur oder Draht, noch Kabelbinder oder eine alte Strumpfhose.

Wenn ein Baum mit einem Wurzelballen gepflanzt wurde, könnte der Pfahl die Wurzeln verletzen. Dann kann der Baum an zwei Pfählen mit Querstrebe oder an einem schräg eingeschlagenen Pfahl angebunden werden. Auch in diesen Fällen wird der Baum etwa auf einem Drittel seiner Gesamthöhe mit einem Baumbinder an den Stützen festgebunden (siehe Seite 30).

## PFLEGE NACH DER PFLANZUNG

Die Pflege nach der Pflanzung wird oft vernachlässigt. Dabei kostet sie nur wenig Zeit und ist sehr wichtig, damit der Baum zuverlässig anwächst und sich gesund entwickelt.

### *Schutz*

Eventuell kann es notwendig sein, den jungen Baum vor Tieren zu schützen, beispielsweise durch einen Drahtkäfig oder eine spezielle Manschette, die spiralförmig um den Stamm gewickelt wird. Kontrollieren Sie den Schutz regelmäßig, um sicherzugehen, dass er seinen Zweck erfüllt und den Baum nicht beschädigt.

Es gibt drei geeignete Methoden, frisch gepflanzte Bäume anzubinden: Für wurzelnackte Bäume (oben links) einen einzelnen Pfahl verwenden, für einen Baum mit Wurzelballen (oben rechts) einen schrägen Pfahl oder (unten links) zwei Pfähle und eine Querstrebe. Die Anbindestelle liegt in allen Fällen auf einem Drittel der Gesamthöhe des Baums.

Nach der Pflanzung müssen Bäume wie dieser Fächer-Ahorn *(Acer palmatum)* unbedingt bewässert werden, vor allem bei trockenem Wetter. Gießen Sie, bis die Feuchtigkeit tief in den Wurzelbereich vordringt.

Dieser Kunststoffsack kann mit Wasser gefüllt werden, das im Lauf von etwa 10 Stunden allmählich durch kleine Löcher im Boden des Sacks sickert. So gelangt das Wasser genau dahin, wo es benötigt wird.

### *Bewässerung*

Wenn ein neu gepflanzter Baum nicht anwächst, ist meist Wassermangel die Ursache, vor allem im Frühling und Sommer. In den ersten Lebensjahren eines Baumes gefährdet Trockenheit seine Gesundheit und Vitalität (siehe Seite 136). Es ist schwierig, die genaue Wassermenge zu bestimmen, aber als allgemeine Regel prüft man die Feuchtigkeit des Bodens unter der Mulchschicht bis in die Tiefe der Wurzeln. Ist er zu trocken, muss gegossen werden.

### *Bäume mulchen*

Es gibt verschiedene Arten von Mulch, die nach der Pflanzung um einen Baum herum ausgebracht werden können, einschließlich spezieller Mulchmatten aus organischen und nicht organischen Materialien. Ich bevorzuge gutes, sauberes organisches Material wie Gartenkompost, gut verrotteten Pferdemist, kompostierte Rinde oder Holzspäne. Verteilt man solche Materialien auf der Baumscheibe, zersetzen sie sich auf natürliche Weise und dienen dem Baum als organische Nährstoffquelle. Durch das Mulchen muss der junge Baum in den ersten Wachstums- und Etablierungsphasen seltener bewässert werden und das

Eine dicke Mulchschicht sorgt dafür, dass Bodenfeuchtigkeit nicht so schnell verdunstet, besonders bei Wind. Außerdem unterdrückt sie Unkraut, das mit dem Baum um Wasser und Nährstoffe konkurrieren würde.

Wachstum von konkurrierendem Unkraut auf der Baumscheibe wird gehemmt.

Verteilen Sie organischen Mulch in einer Schichtstärke von etwa 10 cm auf dem Boden, wobei um die Basis des Baumes ein Ring frei bleibt. Es ist wichtig, dass der Mulch keinen direkten Kontakt zum Baumstamm hat. Anderenfalls kann es zu Schäden an der Baumrinde kommen, wenn das Mulchmaterial verrottet und durch Pilze zersetzt wird.

*Unkraut eindämmen*

Das Unkraut um den Baum herum reißt man am besten mit der Hand aus. Wenn der Boden vor der Pflanzung gut vorbereitet wurde, lässt sich das Unkraut leicht herausziehen, ohne dabei das Bodengefüge zu sehr zu stören. Keine Unkrautvernichtungsmittel verwenden: Sie konnen von Baumwurzeln, die dicht unter der Erdoberfläche liegen, aufgenommen werden und den Baum dauerhaft schädigen.

*Keinesfalls* einen Freischneider in der Nähe eines jungen Baums verwenden. Die Schnur kann sich um den jungen Stamm wickeln oder die Baumrinde verletzen, was letztlich zum Absterben des Baums führen kann.

*Düngen*
Neu gepflanzte Bäume müssen meist erst im zweiten Jahr nach der Pflanzung gedüngt werden, denn der Boden enthält genügend Nährstoffe, um die Bäume in der Anfangszeit gesund zu halten. In dieser Zeit strebt der junge Baum danach, sich mit den Wurzeln zu verankern und Wasser zu finden.

Im zweiten Jahr sollte man einen ausgewogenen Gartendünger – vorzugsweise einen organischen – ausbringen, der Stickstoff, Kalium und Phosphor enthält. Der Dünger wird auf die gemulchte Baumscheibe gestreut und mit Wasser in den Boden eingeschwemmt.

*Stützen kontrollieren*
Wenn der Baum gestützt wurde (siehe Seite 26), sollten Sie im ersten Jahr nach der Pflanzung regelmäßig die Stelle überprüfen, an der der Baum am Pfahl befestigt ist. Wenn die Bindung zu fest ist und das Wachstum des Baumes behindern, lockern Sie sie etwas, damit der Baum wachsen und seinen Stammdurchmesser vergrößern kann. Achten Sie auch darauf, dass der Baum nirgendwo scheuert oder durch die Bindung stranguliert wird (siehe Seite 139).

Wenn der Baum richtig gepflanzt wurde und alle oben beschriebenen Pflegemaßnahmen durchgeführt wurden, sollte der Baum zu Beginn der zweiten Vegetationsperiode selbstständig stehen können. Pfähle und Bindungen sind also nicht mehr erforderlich. Um die Stabilität des Baumes zu überprüfen, lösen Sie die Bindungen. Steht der Baum fest, können Sie auch die Pfähle entfernen. Wenn ein Baum zu lange an einer Stütze steht, wird er schwächer, da er sich zu sehr auf die Stütze verlässt. Junge Bäume müssen sich im Wind bewegen können, denn das bereitet sie auf Stürme und schlechtes Wetter vor, denen sie in kommenden Jahren ausgesetzt sein werden.

## VERMEHRUNG VON BÄUMEN

Wer sichergehen will, dass der Nachwuchs dieselben Merkmale wie die Elternpflanze hat, zum Beispiel Blüte, Blattfarbe, Rindenstruktur oder Wuchsform, muss seine Pflanzen vegetativ vermehren. Bei Bäumen kann das durch Stecklinge oder durch Veredelung geschehen. Das Veredeln oder Pfropfen ist eine anspruchsvolle und komplexe Tätigkeit, die man am besten erfahrenen Baumschulern überlässt, weil kompatible Veredelungsunterlagen, saubere Edelreiser und scharfe Messer nötig sind. Die Vermehrung durch Stecklinge ist wesentlich einfacher und lässt sich mit normalem Gartenwerkzeug relativ leicht bewerkstelligen.

*Aussaat*
Die einfachste und erfolgreichste Methode, einen Baum zu vermehren, ist die Aussaat. Aus einer kleinen Eichel kann ein mächtiger Baum heranwachsen. Tatsächlich erfolgt die Aussaat von Eichen am besten im Herbst, wenn die Eicheln zu Boden fallen. Versuchen Sie es ruhig einmal mit Eicheln, die Sie im Wald oder Park finden. Das macht Spaß und kostet nichts. Samen sind das Produkt einer Befruchtung, hier handelt es sich also um eine sexuelle Vermehrung.

Die Samen mancher Arten besitzen eine Keimruhe. Sie bewirkt, dass die Keimung erst bei optimalen Bedingungen erfolgt, wenn die Erfolgschancen am größten sind. Das kann bedeuten, dass das Saatgut einen oder zwei Winter im Boden liegt, bis die Keimruhe durchbrochen wird. Die Aussaat ist also ein Verfahren, das viel Geduld erfordern kann.

Bevor Sie sich die Mühe machen, die Samen auszusäen, überprüfen Sie zunächst ihre Keimfähigkeit, indem Sie einen oder zwei Samen opfern: Halbieren Sie sie und sehen Sie nach, ob sich im Inneren ein gesunder, weißer, fruchtbarer Embryo befindet. Befolgen Sie dann die Anweisungen in Projekt 2 (siehe Seite 58).

*Stecklinge*

Bei dieser Vermehrungsform unterscheidet man zwischen Hartholzstecklingen, Weichholzstecklingen und halbreifen Stecklingen.

**Hartholzstecklinge** eignen sich zur Vermehrung von Bäumen wie Weide *(Salix)*, Pappel *(Populus)*, Hartriegel *(Cornus)*, Maulbeerbaum *(Morus)* und Platane *(Platanus)*. Sie werden während der Ruhezeit, also zwischen Herbstmitte und Spätwinter, gepflanzt.

Schneiden Sie von gesunden, kräftigen Trieben des Vorjahres 15–30 cm lange, etwa bleistiftdicke Stecklinge. Führen Sie mit einer scharfen Gartenschere einen waagerechten Schnitt direkt unterhalb einer Knospe am unteren Ende jedes Stecklings und danach einen zweiten schrägen Schnitt unmittelbar oberhalb einer Knospe am oberen Ende. Tauchen Sie das flache Ende des Stecklings in ein Bewurzelungspulver, das die Wurzelbildung anregt und Fäulnis vorbeugt.

Dies ist ein Hartholzsteckling von einer Weide *(Salix)* mit sauberen Schnitten am oberen und unteren Ende. Er kann nun in durchlässiges Substrat gesteckt werden.

Die Stecklinge werden nun in Abständen von 10–15 cm in ein Gartenbeet mit gut angereicherter Erde oder in ein Frühbeet gesteckt. Alternativ können Sie Stecklinge in Pflanzbehälter mit Anzuchtsubstrat stecken und diese in ein unbeheiztes Gewächshaus stellen. Die Stecklinge werden so tief in die Erde gesteckt, dass nur das obere Drittel herausschaut. Die Erde muss nun bis zum nächsten Herbst feucht gehalten werden. So lange kann es dauern, bis sich kräftige Wurzeln gebildet haben. Danach können die Jungpflanzen in größere Töpfe umziehen.

Von diesem Weichholzsteckling eines immergrünen Ahorns *(Acer)* wurden die weiche Spitze und die unteren Blätter mit einem scharfen Messer oder einer Rosenschere entfernt. Er kann nun in Anzuchtsubstrat gesteckt werden.

**Weichholzstecklinge** sind geeignet zur Vermehrung von Bäumen wie Birke *(Betula)*, Magnolie *(Magnolia)*, Linde *(Tilia)* und Kirsche *(Prunus)*. Sie werden im Spätfrühling oder Sommer geschnitten, wenn die jungen Triebe noch recht weich sind.

Schneiden Sie mit einem scharfen Messer einen gesunden, 5–10 cm langen Steckling direkt unterhalb einer Knospe von der Mutterpflanze. Entfernen Sie die unteren Blätter und kneifen Sie die weiche Spitze mit einem Messer oder den Fingern heraus. Dann tauchen Sie das untere Ende des Stecklings in Bewurzelungspulver. Füllen Sie einen Topf mit Anzuchtsubstrat und stecken Sie die Stecklinge mit einem Bleistift oder einem Dibber in einem Abstand von 2,5–4 cm hinein. Die Blätter sollen dabei knapp über dem Niveau des Substrats liegen.

Nun die Stecklinge gut angießen und den Topf mit einer Plastiktüte abdecken, um die Feuchtigkeit zu halten. Den Topf an einen warmen, hellen Platz stellen. Belüften Sie die Stecklinge regelmäßig, indem Sie den Beutel vorübergehend abnehmen. Halten Sie das Substrat feucht, bis die Stecklinge bewurzelt sind, was mehrere Wochen dauern kann. Nach dem Anwurzeln entfernen Sie den Beutel und härten die Stecklinge zwei Wochen lang ab, um die jungen Pflanzen allmählich an die Umgebung im Freien zu gewöhnen. Dann werden sie in größere Töpfe

OBEN: Die Eibe *(Taxus baccata)* lässt sich relativ leicht durch halbreife Stecklinge vermehren, die im Spätsommer geschnitten werden.

UNTEN: Etwa sechs Monate nach dem Schnitt der Stecklinge haben sich weißliche Wurzeln gebildet. Nun können die Stecklinge in einen größeren Topf umziehen.

umgepflanzt, damit sie ein kräftiges Wurzelsystem entwickeln können.

**Halbreife Stecklinge** eignen sich zur Vermehrung von immergrünen Bäumen und einigen Koniferenarten. Das Verfahren ähnelt der Vermehrung durch Weichholzstecklinge, wird aber im Spätsommer durchgeführt, wenn die Stecklinge hart zu werden beginnen und nur die Spitze noch weich ist.

Schneiden Sie einige gesunde Stecklinge und kürzen Sie sie auf eine Länge von 10–15 cm, indem Sie sie direkt unter einem Blattknoten abschneiden. Danach die untersten Blätter und die weiche Spitze entfernen. Tauchen Sie die Stecklinge in

Bewurzelungspulver und drücken Sie sie vorsichtig 2,5–4 cm tief in einen Topf mit Anzuchtsubstrat. Gut wässern und mit einer Plastiktüte abdecken. Danach wie Weichholzstecklinge behandeln. Es kann bis zum nächsten Frühjahr dauern, bis die Stecklinge ausreichend bewurzelt sind, um umgetopft zu werden.

## BAUMEIGENTUM VERPFLICHTET

Wer einen Baum im Garten hat, muss dafür sorgen, dass Nachbarn, Besucher oder Passanten nicht zu Schaden kommen. Schäden, die durch herabfallende Äste entstehen, können als Fahrlässigkeit bewertet werden. Es gibt keine feste Regel dafür, wie oft ein Baum kontrolliert werden sollte, aber es bleiben zu lassen, wäre fahrlässig. Daher ist es wichtig, Bäume regelmäßig auf offensichtliche Mängel zu überprüfen und entsprechende Maßnahmen zu ergreifen, insbesondere nach starkem Wind oder schlechtem Wetter. Wenn der Stamm mit Efeu bewachsen ist, sollten Sie unbedingt darunter schauen, denn Efeu kann eine Vielzahl von Mängeln verbergen.

Sieben offensichtliche Mängel, auf die Sie achten sollten:

- beschädigte, gespaltene oder hängende Äste
- abgestorbene Äste, die im Sommer ihre toten Blätter behalten
- ein Baum, der seit kurzer Zeit schief steht
- freiliegende Wurzeln, Wurzelbewegungen, kürzlich abgestorbene Wurzeln
- Pilzfruchtkörper von Fäulnispilzen (siehe Seite 134)
- Krebsgeschwüre und offene Fäulnislöcher
- schwache, V-förmige Gabeln

Wenn Sie Bedenken hinsichtlich der Sicherheit Ihres Baumes haben, sollten Sie einen Baumpfleger mit einer professionellen Inspektion beauftragen. Bewahren Sie den Bericht als zukünftigen Nachweis auf und führen Sie die empfohlenen Maßnahmen zum angegebenen Termin durch (siehe Seite 45).

## BÄUME SCHNEIDEN

Nicht alle Bäume müssen beschnitten werden. Der Baumschnitt ist eine Kunst und eine Wissenschaft zugleich. Bevor man zur Schere greift, muss man die Gründe für die Maßnahme verstehen und auch den richtigen Zeitpunkt kennen. Nur wenn Sie wissen, was Sie im Endeffekt erreichen wollen, können Sie bestimmen, wie Sie den Baum beschneiden und welche Äste Sie entfernen sollen.

Bevor Sie Arbeiten an einem Baum vornehmen, sollten Sie sich vergewissern, dass der Baum Ihnen gehört und nicht Ihrem Nachbarn, vor allem wenn er an einer Grenze wächst. Selbst wenn der Baum auf Ihren Grundstück steht, sollten Sie mit den Nachbarn sprechen, um unnötige Streitigkeiten zu vermeiden.

Bei größeren Bäumen sollten Sie sich unbedingt erkundigen, ob der Baum durch eine Verordnung geschützt ist oder in einem Naturschutzgebiet steht. Informieren Sie sich auch über sonstige Beschränkungen. In manchen Regionen ist für den Schnitt von Bäumen, die in 1,3 m Höhe einen bestimmten Stammdurchmesser haben, eine Genehmigung erforderlich. Wenden Sie sich bei Fragen an die örtliche Baubehörde und/oder die Naturschutzbehörde. Wer geschützte Bäume beschneidet, macht sich strafbar. Wenn eine Genehmigung erforderlich ist, muss ein Antrag ausgefüllt und bei der zuständigen Behörde eingereicht werden.

*Baumschnitt und Biologie*

Oberhalb der Stelle, an der der Ast am Stamm ansetzt, wirft die Rinde oft Falten. Von hier rund um den Astansatz bildet sich eine Art Kragen, Astring genannt. Er entsteht, weil im Frühjahr zunächst der Ast beginnt zu wachsen. Dabei wird er auch an der Basis dicker. Später im Jahr legt auch der Stamm an Dicke zu und schiebt sich dabei über den unteren Teil des Astes. Auf diese Weise verzahnen sich das Ast- und Stammholz besonders dicht, was die Bruchfestigkeit erhöht. Diese beiden Bereiche des Baumes sollten Sie niemals durch einen Schnitt verletzen, da unter der Rinde eine Wachstumszone liegt, die Wunden verschließen und heilen und das Eindringen von pilzlichen Erregern verhindern kann.

Für den letzten Schnitt im Dreischnittverfahren (siehe Seite 40) wird daher das Sägeblatt am Ast knapp neben dem Astring angesetzt. Der Schnitt wird so geführt, dass der Astring intakt bleibt. Dabei sollte eine kreisrunde Schnittwunde ohne scharfe Kanten entstehen. Sie verheilt langsam von außen nach innen und sieht schließlich aus wie ein Donut. Nach einem korrekten Schritt heilt die Wunde ohne weitere Maßnahmen.

*Warum werden Bäume beschnitten?*
Dafür kann es viele Gründe geben, beispielsweise:

- kranke, absterbende und abgestorbene Äste entfernen
- den unteren Stamm von Ästen befreien, damit sie Fußgänger oder Fahrzeuge nicht behindern
- überlange Äste entfernen, um der Krone eine ausgewogene Form zu geben
- das Gewicht der Äste reduzieren, die Gesamtform der Krone verändern oder verkleinern
- die Krone auslichten, damit mehr Licht in den Garten gelangt
- die Blüten- oder Fruchtbildung anregen
- Sicherheitsgründe: Äste entfernen, die Personen- oder Sachschäden verursachen könnten

*Was wird entfernt?*
Für die Entscheidung, was entfernt werden soll, hilft es, einige grundlegende Überlegungen anzustellen. Ich nenne sie SHARP-Regeln. Die Eselsbrücke verweist darauf, dass auch die verwendeten Werkzeuge SHARP (scharf) sein müssen.

S – steht für die **Spezies**. Die Baumart gibt Aufschluss darüber, wie der Baum von Natur aus wächst und wie er auf die Schnittmaßnahmen reagieren wird.
H – steht für den **Habitus**, die natürliche Wuchsform (siehe Seite 13).
A – steht für die **Attribute**, die diesen Baum auszeichnen, zum Beispiel Blüten, dekorative oder essbare Früchte, Blätter (Form, Größe, Farbe) oder Rinde.
R – steht für die **Rechtfertigung** der Schnittmaßnahmen (z. B. Sicherheit).
P – steht für die **Prinzipien** des Schnitts, also die Art und Weise, wie der Baum beschnitten werden soll, um das gewünschte Ergebnis zu erzielen.

*Die Ausrüstung*
Wie für die Pflanzung ist auch für den Baumschnitt das richtige Werkzeug notwendig. Die perfekte Ausrüstung für den Baumschnitt umfasst:

- Baumsäge mit einer Abdeckung für das Sägeblatt
- gute Gartenschere, vorzugsweise eine Bypass-Schere. Diese funktioniert wie eine scharfe Schere und schneidet den Ast, während mit einer Amboss-Schere das Gewebe gequetscht wird.
- Holster zum Tragen der Schere
- dornenfeste Handschuhe von guter Qualität
- Augenschutz
- kleiner Schleifstein oder spezielles Diamantschleifwerkzeug
- Waschbenzin oder Silikonöl
- Erste-Hilfe-Kasten

Sägeblattabdeckung und Holster helfen, die Werkzeuge sauber zu halten und die Klingen und Sägeblätter zu schützen, zudem kann sich der Baumpfleger an sicher verstautem Werkzeug nicht verletzen. Baumsägen und Gartenscheren gibt es in verschiedenen Varianten. Ich empfehle, nicht am falschen Ende zu sparen. Hochwertiges Werkzeug hält ein Leben lang, wenn es regelmäßig gereinigt und geschärft wird.

Da moderne Schnittwerkzeuge sehr scharf sind, sollten Sie unbedingt Schutzhandschuhe tragen, insbesondere an der Hand, die nicht mit der Säge oder Schere arbeitet. Einige Bäume haben scharfe Stacheln oder Dornen, so dass ein Augenschutz ratsam ist.

Das ideale Allround-Set für die meisten Baumschnittarbeiten im Garten enthält Gartenschere und Säge mit Holster oder Abdeckung, Schleifstein und Silikonöl.

*Werkzeugpflege*

Damit das Werkzeug reibungslos funktioniert, muss es während und nach dem Gebrauch gereinigt werden. Dabei werden Ablagerungen von Pflanzensaft und -harz entfernt. Dafür eignen sich Waschbenzin oder Silikonöl gut. Anschließend wird das Werkzeug mit einem öligen Lappen abgewischt, um die Rostbildung zu verhindern.

Wenn Sie mehrere Bäume schneiden, ist es wichtig, das Werkzeug zwischendurch zu desinfizieren, um keine Krankheiten zu übertragen. Dafür können Sie handelsübliches Desinfektionsmittel oder Haushaltsbleiche verwenden. Bleiche mischen Sie im Verhältnis 1:9 mit Wasser. Tauchen Sie das Werkzeug in die Lösung und wischen Sie es dann mit einem öligen Lappen ab, da die Bleiche langfristig Schäden an Ihrem Werkzeug verursachen kann.

Eine hochwertige Gartenschere lässt sich leicht einstellen. Sie sollte regelmäßig geschärft werden, und zwar bevor die Klingen zu stumpf werden. Dafür eignet sich ein kleiner Schleifstein oder ein spezielles Schärfwerkzeug. Moderne Baumsägen lassen sich meist nicht nachschärfen. Wenn das Sägeblatt stumpf ist, ersetzen Sie es durch ein neues.

Die Klingen der Rosenschere sollten regelmäßig geschärft werden. So kostet der Rückschnitt weniger Kraft und die Zweige werden nicht so leicht gequetscht oder gerissen.

*Der beste Zeitpunkt für den Schnitt*
Grundsätzlich sollte man Bäume schneiden, wenn ihr Energielevel hoch ist. Dann werden sie durch den Schnitt am wenigsten belastet und sind am besten in der Lage, Schnittwunden zu heilen. Normalerweise erfolgt der Schnitt während der Ruhezeit im Winter, wenn der Baum alle Blätter abgeworfen hat, oder im Hochsommer, wenn der Baum in voller Blüte steht und Zucker und Stärke produziert. Wenn Sie aber beschädigte oder gefährliche Äste entdecken, entfernen Sie sie so schnell wie möglich.

Einige Bäume bluten aus den Schnitten, wenn sie zur falschen Jahreszeit beschnitten werden. Deshalb sollten Sie diese Bäume erst in Angriff nehmen, wenn sie alle neuen Blätter gebildet haben oder wenn sie in der Winterruhe sind. Zu diesen Baumgattungen gehören Walnuss *(Juglans)*, Hickory *(Carya)*, Ahorn *(Acer)* und Birke *(Betula)*.

Einige Obstbäume und Rosengewächse sind anfällig für Bleiglanz, eine Pilzkrankheit. Sie sollten im Sommer geschnitten werden, wenn die Krankheit noch nicht auftritt, wenn also die Erreger nicht durch die Schnittwunden eindringen können.

Die Klinge der Bypass-Schere sollte immer zu dem Teil des Astes weisen, der am Baum verbleibt. So entsteht ein sauberer Endschnitt im richtigen Abstand zum Stamm.

*Achtung:* Während der Nistsaison Schnittmaßnahmen vermeiden und vor allem beim Heckenschnitt auf Nester achten.

*Bäume richtig beschneiden*
Unerwünschte Zweige sollte man so früh wie möglich entfernen, um große Schnittwunden zu vermeiden. Dies geschieht am besten, indem man unerwünschte Knospen und junge Triebe mit dem Daumen abreibt, damit sie gar nicht erst verholzen. Außerdem empfiehlt es sich, kleine Zweige von weniger als 1 cm Durchmesser mit einer scharfen Gartenschere zu entfernen, statt sie stehen zu lassen und später eine Säge zu verwenden. Schneiden Sie die Zweige direkt am Hauptast oder Stamm ab oder kürzen Sie sie auf einen kräftig

*Sicherheitstipps*

Bitte verwenden:
- scharfe, saubere Schneidewerkzeuge, regelmäßig schärfen
- Hand- und Augenschutz, Erste-Hilfe-Kasten griffbereit legen

Nicht verwenden:
- Tischlersäge für Baumarbeiten – immer eine Baumsäge verwenden
- Leiter, wenn Sie allein arbeiten
- Baumfarben (siehe Seite 40)

Bei der Dreischnittmethode sägen Sie den Ast zuerst von unten ein (oben links). Danach in einer Entfernung, die einem Drittel des Astdurchmessers entspricht, von oben einsägen (oben rechts).

So entsteht ein Stufenschnitt (unten links). Danach den Ast so absägen, dass der Astring unbeschädigt stehen bleibt (unten rechts).

wachsenden Seitentrieb zurück. Lassen Sie nie einen Stumpf stehen. Er sieht hässlich aus und die Schnittwunde heilt schlechter. Wenn der Stumpf abstirbt, kann es zu Fäulnis kommen.

Soll ein größerer Ast weichen, sollten Sie verhindern, dass er während der Arbeit abreißt und den Stamm oder Hauptast beschädigt. Dazu sägt man zunächst einen Teil des Asts ab, um sein Gewicht zu reduzieren. Diese Arbeitsweise wird als Dreischnittmethode bezeichnet.

Der erste Schnitt wird mit etwas Abstand zum Stamm oder Hauptast von unten geführt. Dabei wird der Ast etwa zu einem Drittel seiner Stärke eingesägt – so weit, dass die Säge nicht durch das Gewicht des Asts eingeklemmt wird. Führen Sie dann in einem Abstand von etwa einem Drittel des Astdurchmessers vom ersten Sägeschnitt einen zweiten Sägeschnitt aus, diesmal von oben. Wenn die Tiefe des ersten Schnitts erreicht ist, bricht der Ast sauber ab, ohne zu reißen. Danach wird das verbleibende Aststück sauber vom Stamm oder Hauptast abgesägt (siehe Seite 35).

*Baumfarben und Wundauflagen*

Wenn Sie den Schnitt korrekt ausgeführt haben (siehe Seite 35), brauchen Sie keine Baumfarbe, um die Wunden abzudecken. Baumfarben können die Heilung sogar

Wird eine Hasel *(Corylus avellana)* auf den Stock gesetzt, bildet sie in den nächsten ein bis zwei Jahren viele neue Ruten.

behindern, da viele auf Bitumenbasis hergestellt wurden. Unter dem «Pflaster» kann ein Mikroklima entstehen, das einen perfekten Nährboden für Mikroorganismen darstellt. *Baumwunden nicht bestreichen!*

## GRÖSSERE BÄUME BESCHNEIDEN

Es gibt verschiedene Schnittmaßnahmen, die an Bäumen durchgeführt werden. Unabhangig davon, ob sie jung, alt, klein oder groß sind, die Grundsätze sind bei allen gleich. Als grober Richtwert gilt, dass man nicht mehr lebende Äste als nötig entfernt – und auf keinen Fall mehr als 25 Prozent des Laubes oder der Knospen eines Baumes in einer Wachstumsperiode.

*Auf den Stock setzen*

Im Spätwinter oder zeitigen Frühjahr wird ein einstämmiger Baum bis auf etwa 7 cm über dem Boden zurückgeschnitten, um einen mehrstämmigen Baum oder großen Strauch zu erhalten. Dies kann bei Bäumen, die einen radikalen Schnitt vertragen, in regelmäßigen Abständen geschehen, etwa bei Buche *(Fagus)*, Eibe *(Taxus)*, Linde *(Tilia)*, Hasel *(Corylus)*, Weide *(Salix)* und Maulbeere *(Morus)*. Dieser Schnitt eignet sich auch, damit Bäume wie *Paulownia* oder *Catalpa* größere Blätter bilden oder um die farbigen Triebe von Hartriegel *(Cornus)* und Weide *(Salix)* zu betonen (siehe Seite 66).

Eine gut beschnittene Hochstammhecke aus Sommer-Linden *(Tilia platyphyllos)* ist im Sommer wie im Winter ein eindrucksvoller Anblick.

*Die Krone anheben*
In diesem Fall werden die unteren Äste entfernt, um mehr Platz zwischen Erdboden und Baumkrone zu gewinnen. Der Bereich unter der Krone ist besser zu begehen und zu befahren und darunter wachsende Pflanzen bekommen mehr Licht.

*Die Krone verkleinern*
Höhe und Breite der Baumkrone werden verringert, dabei soll die natürliche Form aber möglichst erhalten bleiben. Äste kürzt man dabei auf die Länge kräftiger Seitentriebe ein, sodass keine Stummel stehen bleiben.

*Die Krone auslichten*
Einzelne Äste werden entfernt, um das Kronendach auszudünnen und die Gesamtdichte der Laubdecke zu verringern. Dadurch kann die Luft besser in der Krone zirkulieren und die Krone lässt mehr Licht durch. Bei diesem Eingriff sollten Sie die Äste gleichmäßig in der ganzen Krone schneiden. Entfernen Sie aber innerhalb einer Vegetationsperiode nicht mehr als 25 Prozent der Laubmasse.

*Erziehungsschnitt*
Dieser Schnitt wird bei jungen Bäumen durchgeführt, damit sie später eine starke, gut verzweigte Krone entwickeln. Dabei werden kranke, absterbende oder

Durch regelmäßiges Entwipfeln kann man Bäume relativ klein halten. Aus den Verdickungen bilden sich neue Triebe, die bei manchen Arten farbig sind.

abgestorbene Zweige entfernt (siehe Seite 36), aber auch Zwillingsleitäste, die später eine schwache Krone bilden können, sowie Äste, die sich kreuzen oder reiben, die eine unausgewogene Krone verursachen oder die zu weit unten am Stamm wachsen.

*Hochstammhecke*
Bei dieser Methode des Beschneidens und Erziehens von Bäumen entsteht eine schmale Hecke auf Stämmen. Junge Triebe werden auf einem provisorischen Gerüst in die gewünschte Form gebracht und verflochten, um beispielsweise einen hohen Sichtschutz über einem niedrigen Zaun oder einer kleinen Mauer zu bilden. Sie können auch zu Bögen, Lauben und Tunneln geformt werden. Zu den Bäumen, die sich gut verzweigen, gehören Sommer-Linde *(Tilia platyphyllos)*, Hainbuche *(Carpinus betulus)*, Feld-Ahorn *(Acer campestre)*, Speiseäpfel (*Malus-domestica*-Sorten) und Stein-Eiche *(Quercus ilex)*. Beschneiden Sie Hochstammhecken in jungen Jahren und in der Reife jährlich, damit sie ihre Form halten.

*Entwipfeln*
Diese Art des Zierschnitts nimmt man bereits in der Jugend des Baums vor, wenn er gut angewachsen ist. Der Schnitt erfolgt in einem jährlichen Zyklus immer an der gleichen Stelle. Dadurch bildet sich an den Trieben eine Verdickung.

*Selektiver Schnitt*
Einzelne Äste werden entfernt oder gekürzt, um eine symmetrische Kronenform zu erhalten (z. B. beim Formschnitt, siehe Seite 110) oder um die Kronenform zu korrigieren, wenn ein einzelner Ast zu weit herausragt und einem Gebäude oder einem anderen Baum in die Quere kommt.

*Wildtriebe und Wasserschosser*
Als Wasserschosser bezeichnet man junge Triebe, die aus einer ruhenden Knospe in der Baumrinde von Hauptstamm oder Ästen wachsen. Wildtriebe bilden sich meist um die Basis des Baums herum. Sofern sie nicht für einen mehrstämmigen Baum oder Strauch (siehe Seite 41) oder eine Hochstammhecke (siehe links) erwünscht sind, trennt man sie so früh wie möglich mit einer Säge oder Rosenschere dicht am Stamm oder Ast ab.

Einige veredelte Zier- oder Obstbäume können unterhalb der Veredelungsstelle Wildtriebe aus der Unterlage bilden. Wenn sie nicht entfernt werden, wachsen sie schneller als das aufgepfropfte Edelreis und überwuchern den Baum. Darum beseitigt man sie, sobald man sie entdeckt. Solange sie weich und fleischig sind, kann man sie mit dem Daumen vom Stamm abrubbeln.

## WOHIN MIT DEM GEHÖLZSCHNITT?

Bevor Sie einen Baum schneiden oder einen Baumpfleger beauftragen, sollten Sie klären, was mit dem anfallenden Schnittholz geschehen soll. Viele Baumpfleger besitzen einen Schredder, mit dem sie das Schnittholz zerkleinern. Die Hackschnitzel können Sie als Mulch auf Beeten und Baumscheiben verteilen, kompostieren oder abtransportieren lassen. Abgesägte Stämme und Äste können Sie auch nutzen, um in einer Gartenecke Lebensraum für Insekten und andere Nützlinge zu schaffen (siehe Seite 70). Das Verbrennen von Gartenabfällen ist in den meisten Orten nicht erlaubt.

*Baumstümpfe entfernen*

Stümpfe können lebend oder tot im Garten stehen bleiben, sollten aber so tief wie möglich abgeschnitten werden, damit sie keine Stolperfallen bilden. Lässt man sie leben, treiben sie eventuell wieder aus, sodass Büsche entstehen (siehe Seite 41).

Soll der Stumpf nicht erhalten bleiben, können Sie ihn von Hand oder maschinell ausgraben, was allerdings recht anstrengend sein kann. Einfacher ist es, ihn mit einer Stubbenfräse entfernen zu lassen.

Soll der Stumpf eines gefällten Baums effizient und restlos entfernt werden, ist es sinnvoll, einen Fachbetrieb mit einer Stubbenfräse zu beauftragen.

## EINEN BAUM FÄLLEN

Einen kleinen, jungen Baum zu fällen, ist nicht schwierig. Bei einem großen Baum sollten Sie aber einen Fachbetrieb beauftragen, der über das notwendige Wissen und die Erfahrung verfügt und entsprechend versichert ist. In kleinen Hausgärten können Bäume selten im Ganzen gefällt werden. Man sägt sie stückweise ab, um Schäden an Eigentum oder anderen Bäumen im Garten zu vermeiden.

*Versuchen Sie nicht*, einen großen Baum ohne fachmännische Hilfe zu fällen, und nehmen Sie einen kleinen Baum nur mit dem richtigen Werkzeug in Angriff (siehe Seite 36).

Ausgebildete, erfahrene Baumpfleger sind an die Arbeit mit Kletterseilen, Spezialgeräten und Kettensägen in großer Höhe gewöhnt. Versuchen Sie niemals, solche Arbeiten selbst durchzuführen, sondern beauftragen Sie einen Fachbetrieb.

*Professionelle Baumpflege*

Es gibt viele Baumschnittarbeiten, die nur erfahrene Baumpfleger korrekt und sicher ausführen können. Ausgebildete Baumpfleger wissen, was sie tun, und sind in der Lage, klare Auskünfte oder Empfehlungen für alle erforderlichen Arbeiten zu geben. Sie sind daran gewöhnt, in der Höhe zu arbeiten, und verfügen über die notwendige Sicherheitsausrüstung und die Werkzeuge, um die erforderlichen Baumarbeiten durchzuführen. Ein wichtiges Kriterium ist auch, dass Fachkräfte versichert sind.

Engagieren Sie niemanden, der an der Tür klingelt und seine Dienste anbietet. Wenden Sie sich an einen Fachbetrieb und holen Sie zuerst ein Angebot (bei umfangreicheren Arbeiten auch mehrere) ein. Fachbetriebe in Ihrer Umgebung finden Sie im Internet, zum Beispiel auf www.baumpflegeportal.de. Es lohnt sich aber auch, sich beispielsweise in einer Baumschule, Gärtnerei oder bei anderen Auftraggebern nach Empfehlungen zu erkundigen.

# Pflanzenporträts

# Silber-Akazie

*Acacia dealbata*, Falsche Mimose

Die Silber-Akazie ist ein kurzlebiger, wüchsiger, kleiner, immergrüner Baum aus dem Südosten Australiens. Der Stamm ist mit einer glatten, blauen Rinde bedeckt. Der Baum trägt zweifach gefiederte, silbrige, farnartige Blätter. Vom Spätwinter bis zum zeitigen Frühjahr bildet die Silber-Akazie massenhaft duftende, leuchtend gelbe, kugelförmige Blüten, die vor allem an trüben Tagen sehr freundlich wirken.

**Familie:** Fabaceae

**Höhe:** 8–12 m

**Breite:** 2,5–4 m

**Wuchsform:** ausladend

**Winterhart** bis −12 °C

**Standort:** volle Sonne

## STANDORT

Der Baum braucht etwas Schutz vor kalten, starken Winden, sonst werden das Laub und die Baumkrone beschädigt, da die Äste recht brüchig sind. Er gedeiht gut auf durchlässigem, saurem bis neutralem, sandigem Schluffboden. Die Silber-Akazie braucht Platz, um sich schön zu entwickeln. In einem kleinen Garten muss sie oft stark zurückgeschnitten werden.

**GEPUDERT**

In feuchten Bergregionen Australiens siedelt sich oft eine weiße Flechte auf der Rinde an, die ihr ein silbriges Aussehen gibt. Daher rührt der Artname *dealbata,* er bedeutet «weiß gepudert».

## KULTUR

Dieser Baum mag nicht gern umgepflanzt werden. Kaufen Sie darum ein eher kleines, im Container gezogenes Exemplar und haben Sie etwas Geduld. Sie werden jedoch nicht lange warten müssen, um ihn blühen zu sehen (siehe Seite 88).

## PFLEGETIPP

Da die Silber-Akazie sehr wüchsig ist, kann es vorkommen, dass das Wurzelsystem ihr nicht genug Halt gibt. Dann sollte sie gestützt werden, um aufrecht zu bleiben. Das lässt sich vermeiden, indem man sie frühzeitig stark beschneidet, sodass sie mehrstämmig wächst und ein stärkeres Wurzelsystem entwickelt (siehe Seite 66).

# Zimt-Ahorn

*Acer griseum*

Das Schönste an diesem Baum ist seine papierartige, zimtfarbene, abschilfernde Rinde, die das ganze Jahr über interessant aussieht. Der Baum trägt kleine dreigliedrige Blätter, die ein wenig Schatten im Garten spenden. Im Herbst färben sie sich orangerot (siehe Seite 50).

## STANDORT

Dies ist ein hübscher, zierlicher Baum, der sich perfekt als Solitär für kleine Gärten eignet. Er bevorzugt einen neutralen bis sauren, feuchten, aber gut durchlässigen Boden.

## KULTUR

Am besten kauft man Containerware, da diese Art langsam wächst und empfindlich auf Störungen der Wurzeln reagiert (siehe Seite 88). In Baumschulen kann man Zimt-Ahorn als kleinen Hochstamm, Buschbaum oder mehrstämmiges Exemplar kaufen.

## PFLEGETIPP

Weil Zimt-Ahorn in Baumschulen meist aus Samen gezogen wird, können Textur und Farbe der Rinde von Baum zu Baum stark variieren. Achten Sie beim Kauf auf eine gute Form mit interessanter und farbintensiver Rinde. Einen weiteren Ahorn mit interessanter Rinde ist der Davids-Ahorn (siehe Seite 78).

*Acer negundo* 'Variegatum'

**CHINA – MUTTER DER GÄRTEN**

Der Zimt-Ahorn ist nur eine von vielen Baumarten, die 1901 von Ernest Henry Wilson aus China nach Europa gebracht wurden.

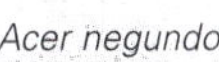

*Acer negundo*

# Herbstblätter-Collage im Bilderrahmen

Im Herbst erstrahlen die Gärten und Parks in leuchtendem Rot, Orange und Gelb. Der Farbwechsel der Blätter entsteht dadurch, dass die Bäume die Produktion von Chlorophyll einstellen. Das ist das grüne Pigment, mit dem sie bei der Photosynthese die Energie des Sonnenlichts aufnehmen. Wenn Chlorophyll aus dem Blatt verschwindet, scheinen die schwächeren Pigmente, die der Baum ebenfalls produziert und die vom Chlorophyll verdeckt werden, durch und zeigen ihre wahren Farben. Bei diesen Pigmenten handelt es sich um Carotine (Gelb- und Orangetöne) sowie Anthocyane (Rot- und Violetttöne). Für eine schöne Herbstfärbung brauchen die Bäume etwas Bodenfeuchtigkeit, warme sonnige Tage und kühlere Nächte ohne Frost.

Dies ist ein Projekt für den Herbst und es erinnert in den folgenden Monaten an diese Jahreszeit. Es ist einfach umzusetzen und macht einen Spaziergang im Park oder Garten spannender und interessanter. Sie benötigen dafür nur eine Tüte, in der Sie die Blätter sammeln, damit sie nicht zu schnell austrocknen, einen Stapel alter Zeitungen und ein paar dicke Bücher zum Beschweren. Außerdem brauchen Sie einen Bilderrahmen, der groß genug ist, um Ihre Collage zu präsentieren.

Am besten machen Sie sich an einem trockenen Tag auf den Weg und sammeln eine großzügige Menge Blätter in verschiedenen Farben, Größen und Formen. Zu Hause breiten Sie die Blätter an einem warmen, trockenen Ort im Haus auf Zeitungspapier aus, decken sie mit weiteren Lagen Zeitungspapier ab und beschweren alles mit dicken Büchern. Lassen Sie die Blätter einige Tage lang in gepresstem Zustand trocknen. Wenn die Blätter feucht sind, müssen die Zeitungen möglicherweise gelegentlich gewechselt werden.

Arrangieren Sie die Blätter nach dem Trocknen in einem Muster Ihrer Wahl in dem Bilderrahmen. Wenn Sie zufrieden sind, verschließen Sie den Rahmen und hängen ihn an die Wand.

1 Verschiedene Blätter im Garten oder Park sammeln.
2 Die Blätter auf Zeitungspapier ausbreiten und mit Zeitungen bedecken.
3 Mit dicken Büchern beschweren, damit die Blätter beim Trocknen schön glatt bleiben. Einige Tage trocknen lassen.
4 Die Blätter nach Belieben im Rahmen arrangieren, dann den Rahmen verschließen.
5 Das fertige Bild an die Wand hängen.

# Fächer-Ahorn

*Acer palmatum*

Es gibt so viele Ahornsorten mit attraktiven Blattformen und -farben, dass die Auswahl schwerfallen kann. Letztlich hängt die Entscheidung von den persönlichen Vorlieben und der Verfügbarkeit der Pflanzen in der Gärtnerei ab. Das Laub ist auch für Bastelprojekte gut geeignet (siehe Seite 50).

**Familie:** Sapindaceae

**Höhe:** 2,5–4 m

**Breite:** 2,5–4 m

**Wuchsform:** vasenförmig, säulenförmig, ausladend oder Trauerwuchs

**Winterhart** bis –23 °C

**Standort:** Halbschatten

## STANDORT

Dieser Ahorn bevorzugt einen nährstoffreichen, feuchten, aber gut durchlässigen Boden. Aufgrund seiner Wuchsform und Größe eignet er sich hervorragend für den kleinen Garten, als Solitär in einem Steingarten oder in einer Rabatte. Auch als Kübelpflanze für die Terrasse oder den Balkon macht er eine gute Figur (siehe Seite 88).

## KULTUR

Am besten kaufen Sie einen jungen, im Container gezogenen Baum in der Baumschule, um sich bald am Wachstum erfreuen zu können. Größere Exemplare brauchen in der Regel mehr Zeit, um sich an ihr neues Zuhause zu gewöhnen.

## PFLEGETIPP

Alle Fächer-Ahorn-Sorten werden wegen ihrer besonderen Eigenschaften gezüchtet und auf eine Unterlage veredelt. Achten Sie deshalb bei der Pflanzung darauf, die Veredelungsstelle nicht mit Erde zu bedecken (siehe Seite 43).

**WEITERE INTERESSANTE ARTEN UND SORTEN**

- 'Bloodgood' ist ein großer, strauchartiger Baum mit blutroten, palmaten Blättern. Er wird bis 10 m hoch.
- 'Burgundy Lace' ist eine zierliche Sorte von bis zu 3 m Höhe mit fein geschnittenen, hellpurpurroten Blättern.
- 'Dissectum' wächst niedrig und ausladend und wird bis 4 m hoch. Die mittelgrünen, tief eingeschnittenen Blätter färben sich im Herbst orange bis feuerrot.
- 'Enkan' hat einen rundlichen Wuchs und wird bis 3 m hoch. Blätter tief eingeschnitten, handförmig, bronzefarbig bis rotbraun, im Winter leuchtend rot.
- 'Orange Dream' ist ein vasenförmiger Ahorn von bis zu 3 m Höhe. Er trägt goldgelbe Blätter mit rosa Rändern.
- 'Osakazuki' wird bis 4 m hoch und gilt als Sorte mit besonders spektakulärer Herbstfärbung.
- *A. japonicum* ist ein kleiner, mehrstämmiger Baum bis 8 m Höhe mit attraktiver Herbstfärbung. Die Sorte 'Aconitifolium' hat tief eingeschnittene Blätter.

**AUS DEM FERNEN OSTEN**

Alle Fächer-Ahorne faszinieren mit ihren Farben und ihrem asiatischen Flair.

# Spitz-Ahorn

*Acer platanoides*

Der Artname *platanoides* bedeutet «platanenartig». Das bezieht sich auf die Blattform, die Blätter sind aber gegenständig an den Zweigen angeordnet. Der Spitz-Ahorn ist ein beliebter Schattenbaum aus Nordeuropa mit grünlich-gelben Blüten, die im Frühjahr schon vor den Blättern erscheinen. Seine gold-orangefarbene Herbstfärbung ist so schön wie bei den meisten anderen Ahornarten (siehe Seite 50).

**Familie:** Sapindaceae

**Höhe:** 15–25 m

**Breite:** 10–20 m

**Wuchsform:** rundlich

**Winterhart** bis –35 °C

**Standort:** volle Sonne

## STANDORT

Dieser Ahorn ist robust und gedeiht in jedem Boden, der feucht und gut durchlässig ist. Er sät sich jedoch leicht aus, was lästig sein kann. Eventuell ist es ratsam, eine Kulturform zu pflanzen.

## KULTUR

In Baumschulen und Gartencentern werden zahlreiche Sorten angeboten. Manche sind in Blattform, Blattfarbe und Wuchsform schöner als die Art.

## PFLEGETIPP

Die panaschierte Sorte 'Drummondii' neigt dazu, ihre Sorteneigenschaften zu verlieren und statt panaschierter Blätter wieder einfarbig grüne zu bilden. Schneiden Sie einfarbig grün belaubte Zweige so schnell wie möglich zurück, damit die Panaschierung des Baums erhalten bleibt.

**MUSIKALISCHER BAUM**

Angeblich verwendete der berühmte Geigenbauer Stradivari Holz des Spitz-Ahorns für seine Instrumente.

**WEITERE INTERESSANTE SORTEN**

- 'Crimson King' hat dunkelrotes Laub und eine runde Krone.
- 'Drummondii' wächst langsam. Die Sorte hat lindgrüne Blätter mit cremeweißem Rand.
- 'Globosum' hat eine fast kugelrunde Form und kann als Hochstämmchen (siehe Seite 110) oder als Kugel ohne Stamm gezogen werden.
- 'Royal Red' hat dunkelrotes Laub und eine runde Kronenform.

# Indische Rosskastanie

*Aesculus indica*

| |
|---|
| **Familie:** Sapindaceae |
| **Höhe:** 15 m |
| **Breite:** 15 m |
| **Wuchsform:** rundlich |
| **Winterhart** bis –18 °C |
| **Standort:** volle Sonne |

Die Gattung *Aesculus* umfasst etwa 20 Arten in verschiedenen Größen, die sich alle gut als Zierbäume für den Garten eignen. Sie sollten nicht mit der Edelkastanie *(Castanea sativa)* verwechselt werden. Die Indische Rosskastanie wird wegen ihrer Resistenz gegen die Kastanienminiermotte (siehe Seite 132) immer häufiger angepflanzt: Giftstoffe in ihren Blättern schützen sie vor dem Befall durch die Larven des Schädlings. Die Blätter sind im Austrieb rosa bis bronzefarben und färben sich dann grün. Die Herbstfärbung ist unspektakulär. Die Indische Rosskastanie trägt zahlreiche aufrechte, cremefarbene Blütenstände, die zuerst gelbe, später rötliche Flecken tragen. Sie sind eine wertvolle Nahrungsquelle für bestäubende Insekten.

## STANDORT

Die Indische Rosskastanie ähnelt in der Wuchsform der europäischen Rosskastanie *(Aesculus hippocastanum)*, blüht aber später in der Saison, nämlich vom späten Frühjahr bis zum Frühsommer. Der stattliche Baum mit der breiten Krone braucht im Garten viel Platz, um sich schön zu entwickeln. Er gedeiht in jedem Boden, der feucht und gut durchlässig ist.

## KULTUR

Dieser Baum kann in verschiedenen Größen gepflanzt werden, von einem einjährigen Jungbaum bis zum größeren Hochstamm. Damit der Baum schnell anwächst, sollten Sie in der Baumschule einen kleinen Baum oder Hochstamm mit einem gut ausgebildeten Wurzelballen kaufen.

## PFLEGETIPP

Die meisten Rosskastanien lassen sich leicht aus einem Samen – also einer Kastanie – ziehen. Versuchen Sie es doch einmal (siehe Seite 58).

*Aesculus parviflora*

**REHAUGEN**

In Nordamerika nennt man Bäume der Gattung *Aesculus* «Buckeye», da die glänzenden Samen den Augen eines Rehs ähneln. Im Deutschen werden sie wegen der hufeisenförmigen Blattnarben auf den Zweigen «Rosskastanien» genannt.

## WEITERE INTERESSANTE ARTEN UND SORTEN

- 'Sydney Pearce' ist eine Sorte von *A. indica*, die 1932 in den Kew Gardens gezogen wurde. Sie hat eine rundere Krone und blüht reicher als die Art.
- *A. californica* ist ein großer Strauch oder kleiner Baum bis 12 m Höhe mit einer etwas unordentlichen Krone. Er trägt bis 30 cm hohe Blütenstände, die sich bis zu sechs Wochen halten.
- *A. glabra* (Ohio-Rosskastanie) wird 25 m hoch, hat eine rundliche Krone und hellgelbe oder grünlich gelbe Blüten.
- *A. hippocastanum* (Gewöhnliche Rosskastanie) ist ein prächtiger Baum, der aber durch die Kastanienminiermotte bedroht ist.
- *A. parviflora* (Strauch-Rosskastanie) ist ein kleiner Baum oder Strauch bis 5 m Höhe, der leicht Wildtriebe bildet. Er trägt im Sommer cremeweiße Blütenstände.
- *A. pavia* (Rote Rosskastanie) ist ein großer Strauch oder kleiner Baum bis 8 m Höhe, der im Frühling dunkelrote Blüten trägt.

# Vom Samen zum Baum

Es macht Spaß, bei einem Spaziergang den einen oder anderen Samen zu sammeln, zu Hause in einen Topf mit Erde zu legen und die Jungpflanze später in den Garten zu pflanzen. Das ist kinderleicht!

Zunächst einmal sammelt man die Samen, beispielsweise von einer Rosskastanie *(Aesculus hippocastanum)* oder Eiche *(Quercus)*. Am besten sät man die Samen so schnell wie möglich nach dem Sammeln. Wenn das nicht möglich ist, kann man sie einige Tage im Kühlschrank aufbewahren. Lösen Sie jeden Samen (in diesem Projekt Kastanien) aus ihrer Schale. Füllen Sie dann einen ausreichend großen Topf mit Anzuchtsubstrat. Zu groß darf der Topf nicht sein, sonst kann der Same in der feuchten Erde verrotten. Ideal für dieses Projekt ist einen Topf von 30 cm Durchmesser.

Für eine gute Drainage auf den Boden des Topfes einige Tonscherben legen (siehe Seite 88), dann den Topf bis knapp unter den Rand mit Aussaaterde füllen. Dieses Substrat ist leicht und locker, damit die Samen leicht wurzeln können, und enthält keinen Dünger, der für junge Sämlinge zu reichhaltig wäre.

Drücken Sie die Kastanie vorsichtig in das Substrat, bis nur noch ihre Oberfläche herausschaut. Dann die Oberfläche mit Substrat bestreuen, um sie vor Wasserspritzern zu schützen und das Wachstum von Moos und Algen zu verhindern. Gut angießen, den Topf beschriften und in ein offenes Frühbeet oder an einen anderen etwas geschützten Platz im Garten stellen. Eventuell sollten Sie den Topf mit einem feinen Drahtgeflecht abdecken, um ihn vor Vögeln oder Nagetieren zu schützen, die sich in den kalten Monaten des Jahres an der Kastanie satt fressen wollen.

Im zeitigen Frühjahr keimt die Kastanie und bildet eine Wurzel, die sie im Substrat verankert, sowie einen Trieb mit zarten Blättern.

Bis zum nächsten Herbst kann der junge Baum im Topf bleiben. Dann topfen Sie ihn in hochwertiges Universalsubstrat um oder pflanzen ihn in den Garten. Geben Sie der jungen Pflanze das ganze Jahr über reichlich Wasser und lassen Sie die Erde nicht austrocknen.

1. Den Topf mit Aussaatsubstrat füllen.
2. Die Kastanie in das Substrat drücken, bis sie gerade noch herausschaut.
3. Die Oberfläche mit Substrat bestreuen.
4. Den Topf beschriften (Art und Aussaatdatum).
5. Gut angießen, dann in ein kaltes Frühbeet oder den Garten stellen.
6. Weniger als zwölf Monate später kann der junge Baum in einen größeren Topf oder in den Garten umziehen.

1
2
3
4
5
6

# Grau-Erle

*Alnus incana*

Die Grau-Erle ist ein kleiner bis mittelgroßer Baum mit glatter grauer Rinde, flachen Wurzeln und kleinen, dunkelgrünen Blättern. Er wird durch den Wind bestäubt. Die männlichen Blüten sind gelbbraune, hängende Kätzchen, die im Spätwinter oder zeitigen Frühjahr vor den Blättern erscheinen. Die weiblichen Kätzchen verwandeln sich im Herbst in ovale, holzige, zapfenartige Früchte, die kleine geflügelte Samen enthalten. Diese werden beim Öffnen des Zapfens freigesetzt und durch den Wind verbreitet.

**Familie:** Betulaceae

**Höhe:** 12–17 m

**Breite:** 5 m

**Wuchsform:** säulenförmig

**Winterhart** bis −45 °C

**Standort:** volle Sonne

## STANDORT

Erlen wachsen oft in Wassernähe. Sie gedeihen auf den meisten Bodentypen, stellen wenig Ansprüche an Durchlässigkeit und Nährstoffgehalt und vertragen sauren Boden ebenso wie alkalischen. Selbst Staunässe oder Trockenheit macht ihnen wenig aus. Einige der Ziersorten verdienen einen Standort im Garten und eignen sich gut als Sichtschutzbäume, weil ihnen Wind wenig ausmacht.

## KULTUR

Erlen sind schnellwüchsig. Wenn sie jung gepflanzt werden, etablieren sie sich schnell. Der Stamm kann bis zur gewünschten Höhe astfrei gehalten werden. Auch als Solitär im Beet oder Rasen machen sie sich gut.

## PFLEGETIPP

Da Erlen schnell wachsen, sollten Sie den Stamm im Auge behalten. Unter Umständen ist es notwendig, ihn mit einem Bambusrohr zu stützen, damit er schön gerade wächst.

## WEITERE INTERESSANTE ARTEN UND SORTEN

- Die Triebe und Blätter von 'Aurea' sind im Austrieb goldgelb. Die Sorte trägt rote Kätzchen, die nach dem Öffnen rosa werden.
- *A. cordata* (Herzblättrige Erle) ist ein eleganter, schnell wachsender Baum von bis zu 25 m Höhe.
- *A. glutinosa* (Schwarz-Erle) hat eine konische Wuchsform und trägt im Frühling hübsche gelbe Kätzchen.
- 'Imperialis' ist eine elegante, langsam wachsende Sorte mit tief eingeschnittenen, farnartigen Blättern.
- *A. rubra* (Syn. *A. serrula*, Hasel-Erle) stammt von der Westküste Nordamerikas. Mit 20–30 m Höhe ist sie die größte Erlenart.

**ERLENBRUCH**

Erlen mögen es feucht. Ein kleines Erlenwäldchen auf sumpfigen Boden nennt man Erlenbruch.

# Kanadische Felsenbirne

*Amelanchier canadensis*

Die Gattung *Amelanchier* umfasst kleine Laubbäume, die den Garten mit ihren attraktiven weißen Blüten verzaubern. Das Laub ist im Austrieb bronzefarben und bildet einen reizvollen Hintergrund für die Blüten, die gleichzeitig erscheinen.

**Familie:** Rosaceae

**Höhe:** 4–8 m

**Breite:** 2,5–4 m

**Wuchsform:** ausladend

**Winterhart** bis −29 °C

**Standort:** volle Sonne oder Halbschatten

## STANDORT

Felsenbirnen passen in Gärten aller Stilrichtungen. Sie sind pflegeleicht, bevorzugen aber einen feuchten, gut durchlässigen, kalkfreien Boden. Ihre Herbstfärbung fällt am schönsten aus, wenn sie an einem sonnigen Standort stehen.

## KULTUR

Lassen Sie die Felsenbirne natürlich wachsen – also strauchartig und ausladend. Versuchen Sie nicht, sie zu einer strengen Baumform zu erziehen. Einige Arten und Sorten haben aufrecht wachsende Äste und können als Hochstamm gezogen werden, Baumschulen bieten aber meistens mehrstämmige Exemplare an. *Amelanchier canadensis* trägt aufrechte Triebe und neigt dazu, Ausläufer zu bilden.

## PFLEGETIPP

In ländlichen Gegenden müssen Felsenbirnen gegen Wildverbiss geschützt werden, denn Rehe und Kaninchen fressen gern das Laub.

### WEITERE INTERESSANTE ARTEN UND SORTEN

- *A. alnifolia* 'Obelisk' (Erlenblättrige Felsenbirne) hat einen säulenförmigen Wuchs, attraktive Blüten und eine sehr schöne Herbstfärbung.
- *A.* × *grandiflora* 'Ballerina' ist ein kleiner Baum, der im Frühjahr massenhaft kleine weiße Blüten trägt. Im Herbst färbt sich das Laub rot.
- *A.* × *grandiflora* 'Robin Hill' ist ein kleiner Baum mit aufrechten Trieben und rosa Blüten, die mit der Reife zu Weiß verblassen.
- *A.* × *lamarckii* ist ein kleiner, strauchartiger Baum mit weißen Blüten im Frühling. Das Laub treibt kupferrot aus und färbt sich später grün.

### SÜSSE FRÜCHTE

Die Früchte der Felsenbirne reifen ab Juli und sind essbar. Sie schmecken süß und sind reich an Vitaminen und anderen Inhaltsstoffen. Auch Vögel fressen sie gern.

# Westlicher Erdbeerbaum

*Arbutus unedo*

Der Erdbeerbaum eignet sich wegen seiner zähen, dunkelgrünen, ledrigen Blätter hervorragend als immergrüner Sichtschutzbaum. Er trägt am Stamm und an den Hauptästen eine dekorative, abschilfernde Rinde und bildet im Frühjahr weiße bis hellrosafarbene, hängende, glockenförmig Blüten, aus denen sich erdbeerähnliche essbare Früchte entwickeln. Mit der Erdbeere ist er jedoch nicht verwandt.

## STANDORT

Da dieser Baum zur Familie der *Ericaceae* gehört, bevorzugt er einen neutralen bis sauren, gut durchlässigen Boden, wächst aber auch in leicht alkalischer Erde. Er verträgt mäßig salzhaltigen Wind und ist daher ein guter Baum für exponierte Standorte in Küstennähe.

## KULTUR

Kaufen Sie am besten ein Exemplar, das im Container gezogen wurde, denn wie alle Bäume aus der Familie der *Ericaceae* hat er flache, faserige Wurzeln, die nicht gestört werden mögen. Nach der Pflanzung im Garten die Baumscheibe großzügig mulchen, damit die flachen Wurzeln nicht austrocknen.

## PFLEGETIPP

In den ersten drei bis fünf Jahren nach der Pflanzung sollte der Baum vor kalten Winden geschützt werden. Hat er sich einmal etabliert, ist er sehr widerstandsfähig und verträgt auch etwas Trockenheit. Wenn er eine unruhige, unausgewogene Krone bekommt, schneiden Sie ihn im späten Frühjahr vor dem Austrieb kräftig zurück. Die neuen Triebe füllen die durch den Schnitt entstandenen Lücken schnell aus.

**WEITERE INTERESSANTE ARTEN UND SORTEN**

- *A. andrachne* (Östlicher Erdbeerbaum) hat eine glatte, abschilfernde Rinde. Die darunter zum Vorschein kommende Schicht ist grün und färbt sich allmählich orangebräunlich.
- *A. × andrachnoides* (Bastard-Erdbeerbaum) ist eine Kreuzung aus *A. unedo* und *A. andrachne*. Ältere Bäume haben eine zimtbraune Rinde.
- *A. menziesii* (Madrone) ist anspruchsvoll. Wenn die Kultur gelingt, besticht er mit seiner mehrfarbigen, abschilfernden Rinde.

**DANKE, EINE REICHT ...**
«Unum tantum edo», soll Plinius der Ältere gesagt habe. Das bedeutet «Ich esse nur eine» und bezieht sich auf den faden Geschmack der Früchte. Daraus entstand der Artname *unedo*.

# Hänge-Birke

*Betula pendula*, auch Sand-Birke, Warzen-Birke

Die Hänge-Birke ist ein eleganter, mittelgroßer Baum mit silbriger, abschilfernder Rinde an älteren Stämmen. Die schlanken, überhängenden Zweige haben ihr ihren Artnamen verliehen. Die grünen Blätter sind klein und rautenförmig und färben sich im Herbst buttergelb.

**Familie:** Betulaceae

**Höhe:** 12 m

**Breite:** 6 m

**Wuchsform:** oval oder Trauerwuchs

**Winterhart** bis –45 °C

**Standort:** volle Sonne oder Halbschatten

## STANDORT

Als Pioniergehölz ist die Hänge-Birke nicht wählerisch, was den Standort angeht. Sie verträgt alle Bodenarten, solange sie feucht und durchlässig sind. Eine Birke passt zu jedem Gartenstil. In einer Gruppe kommt die attraktive Rinde besonders gut zur Geltung.

## KULTUR

In Regionen mit geringer Luftverschmutzung siedeln sich auf den Stämmen manchmal Algen an, sodass sie grünlich aussehen. Mit einem weichen Schwamm, der in warmes Wasser mit etwas Spülmittel getaucht wird, lässt sich der Belag leicht entfernen. Vor allem in den Wintermonaten sehen die weißen Stämme schön aus.

## PFLEGETIPP

Damit die attraktive Rinde noch besser zur Geltung kommt, können Sie Ihre Birke mehrstämmig ziehen (siehe Seite 66).

## WEITERE INTERESSANTE ARTEN UND SORTEN

Im Handel findet man zahlreiche attraktive Arten und Sorten. Die Auswahl ist letztlich eine Frage des persönlichen Geschmacks. Hier eine kleine Auswahl:

- *B. ermanii* (Ermans Birke) stammt aus Japan und dem Osten Russlands. Die sehr kälteverträgliche Art hat eine gelbliche, abschilfernde Rinde und wirft im Herbst als Erste ihre Blätter ab. 'Grayswood Hill' ist eine reizvolle Sorte mit abschilfernder, cremeweißer Rinde. Die ausgeprägten Lentizellen (Poren in der Rinde, durch die der Baum atmet) bilden einen interessanten Blickfang.
- *B. nigra* (Schwarz-Birke) stammt aus Nordamerika. Sie hat eine dekorative, orangefarbige, abschilfernde Rinde und wächst an den meisten Standorten, auch nassen und trockenen. 'Heritage' (auch 'Cully') ist eine beliebte Selektion.
- *B. papyrifera* (Papier-Birke) bildet mit zunehmender Reife eine schneeweiße, abschilfernde Rinde.
- *B. pendula* 'Youngii' (Youngs Hänge-Birke) bildet eine flache Kuppelform und wird oft auf einem kurzen Stamm veredelt.
- *B. pubescens* (Moor-Birke) ist wie die Hänge-Birke in Mitteleuropa verbreitet. Sie hat aber aufrechtere Zweige und behaarte Stiele.
- *B. utilis* subsp. *albosinensis* (Kupfer-Birke, Syn. Chinesische Birke) stammt aus den Bergregionen Westchinas. Ihre Rinde ist je nach Sorte rot oder orange. 'Red Panda' und 'Fascination' sind zwei beliebte Sorten.
- *B. utilis* subsp. *jacquemontii* (Weiße Himalaja-Birke) hat von allen Arten die weißeste Rinde. 'Doorenbos' ist ein attraktiver Baum mit aufrechten Zweigen und schneeweißer Rinde. 'Grayswood Ghost' ist eine der schönsten weißrindigen Birken.

### KARTENMATERIAL

In Nordamerika verwendeten die Ureinwohner die Rinde der Papier-Birke für Kanus, Wigwams, Schriftrollen und Karten, darunter die ältesten Karten Nordamerikas.

*Betula nigra* 'Heritage' (auch 'Cully')

# Eine mehrstämmige Birke ziehen

Die Birke *(Betula)* ist unter anderem wegen des Zierwerts ihrer Rinde so beliebt. Damit deren Färbung gut zur Geltung kommt, sind mehrere Hauptstämme besser als einer. Aus diesem Grund züchten viele Baumschulen mehrstämmige Exemplare. Manche pflanzen drei junge Bäume zusammen und lassen sie zu einem mehrstämmigen Baum heranwachsen. Das kann jedoch später Problemen verursachen.

Um eine mehrstämmige Birke zu ziehen, setzt man am besten einen jungen Baum auf den Stock, schneidet den Stamm also knapp über dem Boden ab. Die neu austreibenden Stämme kann man dann auf die gewünschte Anzahl begrenzen. Wählen Sie ein gesundes Exemplar Ihrer Lieblingsart oder -sorte, Vorschläge finden Sie auf Seite 64. Ziehen Sie Ihren Baum ein Jahr lang in einem Container auf, damit er ein starkes Wurzelsystem entwickelt. Der Stamm sollte etwa bleistiftdick sein. Schneiden Sie dann während der Ruhezeit, also zwischen Herbst und Frühjahr, den Hauptstamm mit einer guten, scharfen Gartenschere oder einer Säge knapp über dem Boden ab.

Im Frühjahr beginnt der junge Baum, aus der Schnittwunde neue Triebe zu bilden, deren Stärke von der Größe des Wurzelsystems abhängt. Wenn sich zu viele neue Triebe entwickeln, kann man sie auf die gewünschte Anzahl ausdünnen. Im Allgemeinen ergeben drei Stämme ein ausgewogenes Bild. Schon bald werden Sie eine kleine, mehrstämmige Birke haben, die Sie in den Garten pflanzen können.

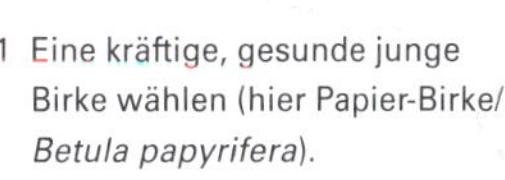

1 Eine kräftige, gesunde junge Birke wählen (hier Papier-Birke/ *Betula papyrifera*).
2 In einen großen Topf mit erdhaltigem Universalsubstrat pflanzen.
3 Die Substratoberfläche mit sauberem Mulch bedecken, zum Beispiel gehäckselter Rinde.
4 Den Stamm 2,5 cm über dem Substrat abschneiden.
5 Aus der Wurzel bilden sich nun mehrere Stämme mit attraktiver weißer Rinde.

# Hainbuche

*Carpinus betulus,* auch Weißbuche

Die beliebte Hainbuche ist ein großer Schattenbaum mit einem geriffelten, grauen Stamm und kleinen grünen Blättern, die sich im Herbst buttergelb färben (siehe Seite 50). Die Fruchtstände erinnern entfernt an Hopfen. Im Inneren der dreiflügeligen Blätter sitzt jeweils ein kleiner, nussartiger Same.

**Familie:** Betulaceae

**Höhe:** 15–25 m

**Breite:** 15–20 m

**Wuchsform:** säulenförmig, ausladend oder offen

**Winterhart** bis −29 °C

**Standort:** volle Sonne oder Halbschatten

## STANDORT

Dieser Baum verträgt jede Bodenart, auch lehmige, kalkreiche und andere schlechte Böden. Er ist äußerst vielseitig und eignet sich als Solitärbaum, Alleebaum oder Hecke. Man kann ihn in Form schneiden (siehe Seite 110), zur Hochstammhecke erziehen (siehe Seite 43) oder natürlich wachsen lassen.

## KULTUR

Hainbuchen kann man in jeder Baumschule wurzelnackt, als Ballen- oder Containerware kaufen. Auch als Heckenware ist sie erhältlich. Einige Betriebe bieten auch Pflanzen an, die bereits für spezielle Verwendungen wie eine Hochstammhecke vorbereitet sind.

## PFLEGETIPP

Das Holz der Hainbuche ist sehr hart. Um saubere Schnitte zu erhalten und das Ausreißen zu verhindern, ist eine scharfe, hochwertige Bypass-Schere notwendig. Hainbuchen eignen sich hervorragend für Hecken jeder Höhe. Sie zählen zu den besten Laubbaumarten für Hochstammhecken und Formschnitt.

### WEITERE INTERESSANTE ARTEN UND SORTEN

- 'Fastigiata' hat einen aufrechten bis pyramidenförmigen Wuchs. In der Jugend ist sie recht schlank, später wird sie breiter.
- 'Rockhampton Red' (Syn. 'Lochglow') bekommt im Herbst eine leuchtend rote Färbung (andere Sorten werden meist gelb).
- *C. caroliniana* (Amerikanische Hainbuche) ist ein kleiner Baum. Seine Wuchsform ähnelt *C. betulus.*

### STANDHAFTES LAUB

Normalerweise werfen Laubbäume im Herbst und Winter ihre Blätter ab, aber einige Bäume und Hecken, die regelmäßig geschnitten werden, behalten die abgestorbenen Blätter über den Winter, bis sie im Frühjahr durch das neu austreibende Laub verdrängt werden. Solche Hecken eignen sich ausgezeichnet als ganzjähriger Sichtschutz. Sie müssen aber regelmäßig geschnitten werden.

# Trompetenbaum

*Catalpa bignonioides*

Trompetenbäume sind in den USA und China heimisch. Sie haben eine breite Wuchsform und sehr große, fleischige Blätter. Im Spätsommer erscheinen aufrechte Rispen mit sehr auffälligen, orchideenartigen Blüten, aus denen sich lange, grüne bohnenartige Samenkapseln bilden. Diese werden mit der Reife braun und holzig, sie hängen bis weit in den Winter hinein am Baum.

**Familie:** Bignoniaceae

**Höhe:** 12–17 m

**Breite:** 12–20 m

**Wuchsform:** ausladend

**Winterhart** bis –29 °C

**Standort:** volle Sonne

## STANDORT

Dieser Baum kann breiter als hoch werden, darum braucht er viel Platz, um sich voll entfalten zu können. Weil starker Wind seine großen Blätter zerfetzen kann, sollte er im Garten einen geschützten Platz bekommen. Er wächst in den meisten Böden, sofern sie feucht, aber gut durchlässig sind, und verträgt auch verschmutzte Luft gut.

## KULTUR

Diesen Baum sollte man jung pflanzen und natürlich wachsen lassen. Später hängen die unteren Äste wie ein weiter Rock zu Boden, was ihm seinen typischen Charakter verleiht.

## PFLEGETIPP

Vor allem in den ersten Jahren sind die fleischigen Blätter durch späten Frost gefährdet. Darum empfiehlt es sich, junge Bäume mit Vlies abzudecken, wenn Frost vorhergesagt wird.

### WEITERE INTERESSANTE ARTEN UND SORTEN

- 'Aurea' bildet zunächst gelbe Blätter, die sich grün färben, wenn im Sommer die Blüten erscheinen.
- *C.* × *erubescens* ist eine bezaubernde Hybride, die kleinere Blüten trägt als die Elternsorten, dafür aber in größerer Zahl. Die Sorte 'Purpurea' ist besonders beliebt. Ihre jungen Triebe und Blätter sind dunkelviolett, fast schwarz.
- *C. ovata* (Kleinblütiger Trompetenbaum) wird nur etwa 10 m hoch und trägt sehr zarte, cremeweiße bis hellgelbe Blüten.
- *C. speciosa* (Prächtiger Trompetenbaum) hat eine eher ovale Wuchsform und blüht früher als *C. bignonioides*.

**UNGENIESSBAR**

Die Früchte dieses Baums sehen aus wie Bohnen. Sie sind aber nicht essbar.

# Altholz ökologisch nutzen

Den meisten Gärtnern ist es wichtig, dass ihr Garten gepflegt und aufgeräumt aussieht, darum entfernen sie Unkraut, heruntergefallenes Laub und tote Äste sorgfältig. Das freut den Gärtner, ist aber nicht immer gut für die Artenvielfalt und trägt vor allem in Stadtgärten zum Verlust von Lebensräumen bei. Es ist aber möglich, einen aufgeräumten Garten zu haben und trotzdem Pilzen, Vögeln, Säugetieren, Reptilien und Wirbellosen Lebensraum zu bieten, indem man Äste, die beim Baumschnitt anfallen, an einem schattigen Platz im hinteren Bereich eines Beets oder in der Nähe des Komposthaufens aufstellt. So sind die «Gartenabfälle» entsorgt und haben noch einen Nutzen.

Je nach Größe des Lagerplatzes kann das «Biotop» aus einem oder mehreren Stämmen oder Ästen bestehen. Alle ein bis zwei Jahre, wenn das Holz zu verrotten beginnt, kann ein weiterer Stamm hinzugefügt werden. Um den Holzstoß anzulegen, sammelt man von Laubbäumen einige Stämme oder Äste mit einem Durchmesser von 15–20 cm und einer Länge von bis zu 1 m. Die Stämme müssen nicht ganz gerade sein. Durch unregelmäßige Formen sieht der fertige Holzstoß sogar interessanter aus.

Graben Sie einige der Stämme etwa 50 cm tief in den Boden ein und ordnen Sie sie an wie Orgelpfeifen. Sie bieten Lebensraum für Insekten, beispielsweise die gefährdeten Hirschkäfer, die sich während ihres Lebenszyklus drei bis sieben Jahre lang von verrottendem Holz unter der Erde ernähren. Pflanzen dürfen den Holzstoß übrigens ruhig überwuchern: Sie bieten den Nützlingen Schatten und Deckung und schützen die Stämme vor dem Austrocknen.

1. Ein 50 cm tiefes Loch graben – so breit, dass mehrere Stämme darin Platz finden.
2. Einen Stamm aufrecht in die Mitte platzieren.
3. Weitere Stämme und Äste rings um den mittigen Stamm aufstellen.
4. Zuletzt das Loch wieder mit Erde auffüllen und gut festtreten. Nun können die Nützlinge einziehen.

1

2

3

4

# Lebkuchenbaum

*Cercidiphyllum japonicum,* auch Kuchenbaum, Katsurabaum

Lebkuchenbäume stammen aus China und Japan. Sie gehören zu den größten Bäumen der gemäßigten Zonen Asiens, bleiben aber in der Kultur mittelgroß. Ein besonderes Merkmal dieses Baums ist die feine Verästelung der Krone, die vor allem im Winter gut zu erkennen ist. Die jungen, nierenförmigen Blätter sind im Austrieb bronzefarben, färben sich allmählich grün und leuchten schließlich im Herbst in kräftigen Orange- und Rottönen (siehe Seite 50).

**Familie:** Cercidiphyllaceae

**Höhe:** 10–15 m

**Breite:** 8 m

**Wuchsform:** rundlich oder Trauerwuchs

**Winterhart** bis –29 °C

**Standort:** volle Sonne oder Halbschatten

## STANDORT

Diese Bäume brauchen einen feuchten, aber gut durchlässigen, fruchtbaren, sauren Boden an einem geschützten Standort. Sie sind zwar grundsätzlich winterhart, aber in der Jugend sind sie anfällig für späte Frühjahrsfröste (siehe Seite 136). Der Lebkuchenbaum eignet sich in einem ausreichend großen Garten hervorragend als Solitärbaum.

## KULTUR

Kaufen Sie am besten einen Lebkuchenbaum, der im Kübel gezogen wurde. Im Handel findet man meist mehrstämmige Jungbäume, manche Baumschulen bieten aber auch Hochstämme an. Nach der Pflanzung den Baum gut angießen und nicht austrocknen lassen, bis er angewachsen ist.

## PFLEGETIPP

Die Wurzeln dieses Baums liegen dicht unter der Erdoberfläche und trocknen besonders leicht aus. Darum ist es ratsam, auf der Baumscheibe bis zur Tropfkante eine 10 cm dicke Schicht aus organischem Mulch zu verteilen, um die Wurzeln kühl zu halten und die Verdunstung von Bodenfeuchtigkeit zu verringern.

**WEITERE INTERESSANTE SORTEN**

- 'Boyd's Dwarf' ist ein zierlicher Baum mit elegant überhängenden Ästen. Sein Laub wird im Herbst gelb oder goldorange.
- 'Morioka Weeping' ist ebenfalls eine Form mit Trauerwuchs, wächst aber insgesamt aufrechter und wird höher.
- *C. japonicum* 'Pendulum' ist ein kleiner bis mittelgroßer Baum mit überhängenden Zweigen und einer breiten Krone.

**KÖSTLICHER DUFT**

Der Name Lebkuchenbaum bezieht sich auf die herabfallenden Blätter im Herbst, die nach Gebäck oder Karamell duften.

# Judasbaum

*Cercis siliquastrum*

Der kleine, ausladende Baum bildet leuchtend rosa Schmetterlingsblüten, bevor die herzförmigen Blätter austreiben. Die Blüten können an den Zweigen stehen, aber auch direkt am Hauptstamm. Aus ihnen entwickeln sich abgeflachte, dunkelviolette Samenkapseln, die senkrecht von den Zweigen herabhängen.

**Familie:** Fabaceae

**Höhe:** 8–12 m

**Breite:** 8–12 m

**Wuchsform:** ausladend

**Winterhart** bis –18 °C

**Standort:** volle Sonne oder Halbschatten

## STANDORT

Der Judasbaum gedeiht am besten in nährstoffreichem, gut durchlässigem Boden in voller Sonne. Verstecken Sie diesen Baum nicht im hinteren Teil eines Gartens. Er verdient einen besonderen Platz, damit seine Blütenpracht im Frühjahr gut zur Geltung kommt. Um seine endgültige Größe und Form zu erreichen, braucht er reichlich Platz.

## KULTUR

Diese langsam wachsenden Bäume gibt es in verschiedenen Varianten, von kleinen, buschigen Containerpflanzen bis hin zu größeren Hochstämmen. Die Wahl hängt vom Angebot der jeweiligen Baumschule ab, aber auch davon, ob Sie einige Jahre warten mögen, bis er seinen Platz ausfüllt und blüht.

## PFLEGETIPP

Judasbäume mögen nicht umgepflanzt werden. Wählen Sie darum einen kleinen Baum mit einem guten Wurzelsystem, der schnell anwächst, und lassen Sie ihn dann ungestört wachsen.

### WEITERE INTERESSANTE ARTEN UND SORTEN

- 'Album' (syn f. *albida*) trägt massenhaft weiße Blüten an seinen Zweigen.
- 'Bodnant' bildet dunkelviolette Blüten an den Zweigen.
- *C. canadensis* (Kanadischer Judasbaum) wird bis 10 m hoch und trägt im Frühsommer hellrosa Blüten. 'Forest Pansy' bildet rubinrote, herzförmige Blätter, die sich im Sommer dunkelviolett färben.

**MATTHÄUS 27:3–5**

Dem Matthäusevangelium zufolge erhängte sich Judas Ischariot an diesem Baum, nachdem er Jesus verraten hatte. Dadurch sollen sich die weißen Blüten blutrot gefärbt haben.

# Lawsons Scheinzypresse

*Chamaecyparis lawsoniana*

Dieser schlanke, pyramidenförmige Baum mit hängenden Äste und bogigen Leittrieben hat oft mehrere Stämme mit rotbrauner, abschilfernder Rinde. Sein duftendes Laub besteht aus abgeflachten Büscheln kleiner, schuppenförmiger, bläulich grüner Blätter.

**Familie:** Cupressaceae

**Höhe:** 45 m

**Breite:** 20 m

**Wuchsform:** pyramidenförmig

**Winterhart** bis –29 °C

**Standort:** volle Sonne

## STANDORT

Lawsons Scheinzypresse bevorzugt volle Sonne und wächst in feuchten, aber gut durchlässigen sauren, neutralen oder alkalischen Böden. Sie eignet sich perfekt als Solitärpflanze, kann aber auch für eine gemischte Pflanzung mit Laubgehölzen oder als formal geschnittene Hecken verwendet werden.

## KULTUR

Pflanzen bis 60 cm Höhe können wurzelnackt gepflanzt werden. Größere Scheinzypressen sollte man als Ballen- oder Containerware kaufen, damit sie zuverlässig anwachsen. Einige Baumschulen bieten auch große Exemplare an.

## PFLEGETIPP

Beim Rückschnitt ist es wichtig, nicht zu tief ins alte Holz zu schneiden, da die Pflanze dann nicht mehr austreibt. Die besten Zeitpunkte für den Schnitt sind das späte Frühjahr oder der Spätsommer.

## WEITERE INTERESSANTE ARTEN UND SORTEN

- 'Columnaris' ist eine säulenförmige Sorte mit bläulichen Nadeln.
- 'Pendula Vera' ist eine Sorte mit attraktivem Trauerwuchs.
- *C. obtusa* (Hinoki-Scheinzypresse) aus Japan wächst langsam und wird bis 35 m hoch.
- *C. pisifera* (Erbsenfrüchtige Scheinzypresse) aus Japan wächst ebenfalls langsam und wird 35–50 m hoch.

## ZYPRESSENGEWÄCHSE

Scheinzypressen gehören zu den Zypressengewächsen. Von der Gattung der Zypressen *(Cupressus)* unterscheiden sie sich unter anderem durch ihre flacheren Zweige und die kleineren Zapfen. Es gibt fünf Arten, die in Nordamerika und Ostasien verbreitet sind.

# Japanischer Losbaum

*Clerodendrum trichotomum*

Dieser kleine Baum ist in China, Korea und Japan heimisch und wird seit den 1880er-Jahren in Gärten kultiviert. Er hat weiche, flaumige Blätter, die beim Zerquetschen nussig duften. Im Spätsommer trägt er duftende weiße Blüten mit attraktiven, kastanienbraunen Kelchblättern. Die Früchte sind zunächst weiß und färben sich mit zunehmender Reife durch das blaue Pigment Trichotomin leuchtend blau. Der Artname verweist auf dieses Pigment.

**Familie:** Lamiaceae

**Höhe:** 3–6 m

**Breite:** 3–6 m

**Wuchsform:** ausladend, bildet Ausläufer

**Winterhart** bis –18 °C

**Standort:** volle Sonne oder Halbschatten

## STANDORT

Der Japanische Losbaum ist unkompliziert und gedeiht auf jedem Boden, solange er feucht und gut durchlässig ist. Pflanzen Sie ihn in einen geschützten Teil des Gartens, zum Beispiel in ein Gehölzbeet. Als Solitär in einer Rasenfläche eignet er sich nicht.

**VIEL GLÜCK!**
*Clerodendrum* ist griechisch und bedeutet «Glücksbaum». Die Kultur ist jedoch keine Glückssache.

## KULTUR

Empfehlenswert ist ein Baum mit kurzem Stamm und tief ansetzenden Ästen. Um seine Form zu erhalten, sind nur selten Schnittmaßnahmen nötig.

## PFLEGETIPP

Der Japanische Losbaum neigt dazu, Ausläufer zu bilden, und kann andere Gehölze verdrängen, wenn man nichts unternimmt. Entfernen Sie die Ausläufer regelmäßig daher, damit er sich nicht zu stark ausbreitet (siehe Seite 43).

**INTERESSANTE SORTE**

- var. *fargesii* 'Carnival' ist eine panaschierte Form mit grünen, weiß geränderten Blättern.

# Pagoden-Hartriegel

*Cornus controversa,* auch Riesen-Hartriegel

Die Äste dieses kleinen bis mittelgroßen Baums sind in deutlichen Etagen angeordnet und tragen im Frühjahr und Frühsommer zahlreiche kleine Sternblüten in Cremeweiß. Aus ihnen entwickeln sich grüne Beeren, die im Herbst bläulich-schwarz werden und eine wichtige Nahrungsquelle für Vögel darstellen.

**Familie:** Cornaceae

**Höhe:** 15 m

**Breite:** 15 m

**Wuchsform:** offen, in «Etagen»

**Winterhart** bis –18 °C

**Standort:** volle Sonne

## STANDORT

Der Pagoden-Hartriegel ist ein schöner Solitärbaum für den Garten. Er sollte in tiefgründigem, fruchtbarem, gut durchlässigem, neutralem bis saurem Boden stehen. Besonders schön sieht es aus, wenn er sich in einer Wasseroberfläche spiegelt. Vor allem im Winter ist er unverwechselbar, denn seine Äste sind in deutlich erkennbaren Etagen angeordnet. Im späten Frühjahr und im Frühsommer trägt er an den waagerechten Zweigen zahlreiche kleine, cremeweiße, sternförmige Blüten. Die Früchte sind zunächst grün und färben sich im Herbst blauschwarz. Sie sind eine wertvolle Nahrungsquelle für Vögel.

## KULTUR

Die meisten Baumschulen bieten den Pagoden-Hartriegel in verschiedenen Größen, ein- und mehrstämmig, wurzelnackt, als Ballen- oder Containerware an. Da die Pflanzen aus Samen gezogen werden, ist die Bandbreite der Varianten groß. Es handelt sich um charaktervolle Bäume, die ohne formgebenden Schnitt natürlich wachsen sollten. Eine Bereicherung für den Garten sind sie in jeder Form.

## PFLEGETIPP

*Cornus* neigt zum «Bluten», weil der Saft schon sehr früh im Jahr zu steigen beginnt. Darum sollte er möglichst wenig beschnitten werden – entweder im Hochsommer, wenn das Laub voll entwickelt ist, oder während der Winterruhe.

## INTERESSANTE SORTEN

- 'Pagoda' hat einen buschigeren Wuchs als die Art und tiefer ansetzende waagerechte Triebe.
- 'Variegata' wird wegen der weiß panaschierten Blätter und des etagenartigen Wuchses auch als «Hochzeitstorten-Hartriegel» bezeichnet.

## NAMENSHERKUNFT

Das Holz der Gattung *Cornus* ist sehr hart. Früher wurden kleine, spitze Werkzeuge zum Reinigen von Schmuck und Uhren daraus hergestellt. Der Name Hartriegel leitet sich vom althochdeutschen «hart(t)rugil» ab und bedeutet «harter Baum».

# Chinesischer Blumen-Hartriegel

*Cornus kousa* var. *chinensis*

Dieser zierliche, vasenförmig wachsende Baum mit seiner abschilfernden Rinde an Stamm und Hauptästen sollte in keinem Garten fehlen. Im späten Frühjahr oder Frühsommer bildet er eine Fülle von Blüten mit wunderschönen, großen, weißen Hochblättern, die mehrere Wochen am Baum halten und sich mit der Zeit blass rosa färben. Daraus entwickeln sich kleine, rosarote, erdbeerähnliche Früchte. Das Laub färbt sich im Herbst leuchtend orangerot (siehe Seite 50).

**Familie:** Cornaceae

**Höhe:** 4–8 m

**Breite:** 4–8 m

**Wuchsform:** vasenförmig

**Winterhart** bis –29 °C

**Standort:** volle Sonne oder Halbschatten

## STANDORT

Der Chinesische Blumen-Hartriegel gedeiht am besten an einem windgeschützten Standort in voller Sonne, toleriert aber auch Halbschatten. Er benötigt gut durchlässigen, nährstoffreichen, neutralen bis leicht sauren Boden. Magere, flache Böden eignen sich weniger.

## KULTUR

Diese Art kann als Hochstamm oder als mehrstämmiger Baum gezogen werden (siehe Seite 66). Am besten sieht sie jedoch als Buschbaum mit tief ansetzenden Verzweigungen aus, sodass man die schönen Blüten auf Augenhöhe bewundern kann.

## PFLEGETIPP

Empfehlenswert ist, junge, im Container gezogene Pflanzen zu kaufen, weil sie am schnellsten anwachsen.

### WEITERE INTERESSANTE ARTEN UND SORTEN

- *C. kousa* var. *chinensis* 'China Girl' hat weißlich-grüne Hochblätter, die zu Cremeweiß verblassen.
- *C. kousa* 'Milky Way' bildet eine breite, fächerförmige Krone und trägt cremeweiße, spitze Brakteen.
- *C. kousa* 'Miss Satomi' (Syn. 'Satomi') trägt rosa Brakteen und färbt sich im Herbst dunkelviolett.
- *C.* × *elwinortonii* 'Venus' (Venus-Hartriegel) hat eine intensive Herbstfärbung und trägt erdbeerähnliche Früchte (siehe Seite 78).

### BLÜTENBLÄTTER, DIE KEINE SIND

Bei den weißen Blättern handelt es sich nicht um Blütenblätter, sondern um Hochblätter (Brakteen). Sie übernehmen den Job, Insekten anzulocken, denn die eigentlichen Blüten sind klein und unscheinbar.

# Fünf Highlights für kleine Gärten

Für jeden Standort gibt es einen Baum. Die Kunst besteht darin, die Bedingungen im eigenen Garten zu kennen und einen Baum zu wählen, der gut mit ihnen leben kann. Selbst in einen kleinen Garten kann man einen oder zwei Bäume pflanzen. Wenn Sie nur Platz für einen Baum haben, sollte er möglichst zu jeder Jahreszeit etwas fürs Auge bieten. Hier stellen wir fünf robuste Bäume vor, die in vielen Baumschulen und Gartenzentren erhältlich sind. Eine Anleitung zum Pflanzen findet sich ab Seite 24.

**A: ULLEUNGDO-MEHLBEERE**

(*Sorbus ulleungensis* 'Olympic Flame', Syn. 'Dodong')
**Höhe:** 4 m
**Breite:** 2 m
**Winterhart** bis –20 °C
Der sommergrüne säulenförmige Baum ist auf der Insel Ulleungdo vor der südkoreanischen Ostküste beheimatet und hat kräftige, aufrechte Äste. Die gefiederten Blätter öffnen sich bronzefarben, werden im Sommer glänzend grün und färben sich im Herbst flammend Orange und Scharlachrot. Der Baum trägt im Frühjahr große Gruppen cremeweißer Blüten und im Winter leuchtend orangefarbene Beeren.

**B: DAVIDS-AHORN**

(*Acer davidii* 'Viper')
**Höhe:** 4 m
**Breite:** 3 m
**Winterhart** bis –15 °C
Dies ist eine aufrechte Form des sommergrünen Davids-Ahorns, der in Westchina heimisch ist. Die Rinde ist weiß, grün und rot-orange gestreift und ähnelt einer Schlangenhaut. Aus den im Frühjahr erscheinenden Blüten bilden sich rotbraune, geflügelte Samen (Samaras). Die dunkelgrünen Blätter färben sich im Herbst leuchtend orange.

**C: BERG-KIRSCHE**

(*Prunus sargentii*)
**Höhe:** 8–10 m
**Breite:** 2–3 m
**Winterhart** bis –23 °C
Diese Kirsche hat eine aufrechte vasenförmige Wuchsform mit auffälligen, linsenförmigen Poren in der Rinde. Sie kann auch als mehrstämmiger Baum gezogen werden (siehe Seite 66). Im zeitigen Frühjahr erscheinen einzelne rosa Blüten an den kahlen Stämmen, die über drei Wochen lang halten. Danach treiben die Blätter kupferrot aus und werden später grün. Die Berg-Kirsche färbt sich schon früh im Herbst leuchtend rot-orange, wirft die Blätter aber erst relativ spät ab (siehe Seite 50).

**D: VENUS-HARTRIEGEL**

(*Cornus* × *elwinortonii* 'Venus')
**Höhe:** 4–8 m
**Breite:** 2–4 m
**Winterhart** bis –15 °C
Diese Hartriegel-Hybride ist eine Kreuzung zwischen *C. nuttallii* und *C. kousa* var. *chinensis*. Der kleine, robuste Baum trägt im Frühjahr große, weiße Hochblätter, möglicherweise die größten der Gattung *Cornus*. Im Herbst trägt der Baum erdbeerartige Früchte. Das Laub färbt sich am Ende der Saison gelb, orange und violett.

**E: CHINESISCHE PIMPERNUSS**

(*Staphylea holocarpa* var. *rosea*)
**Höhe:** 6 m
**Breite:** 4 m
**Winterhart** bis –15 °C
Dieser außergewöhnliche Baum wertet jeden Garten auf. Im Frühjahr wird er wegen seiner zahlreichen blass rosa Blüten oft mit einer Kirsche verwechselt. Die Chinesische Pimpernuss trägt im Frühjahr bronzefarbene Blätter und im Herbst aufgeblähte, blasenartige Fruchtkapseln.

A
B
C
D
E

# Eingriffeliger Weißdorn

*Crataegus monogyna*

Der Weißdorn trägt im späten Frühjahr massenhaft weiße, duftende Blüten, die auf bestäubende Insekten und Bienen äußerst attraktiv wirken. Aus diesen Blüten entwickeln sich im Herbst kleine rote Früchte, die eine wichtige Nahrungsquelle für Wildvögel darstellen. Misteln siedeln sich gern in Weißdorn an (siehe Seite 104).

**Familie:** Rosaceae

**Höhe:** 4–8 m

**Breite:** 4–8 m

**Wuchsform:** ausladend

**Winterhart** bis –29 °C

**Standort:** volle Sonne oder Halbschatten

## STANDORT

Weißdorn ist sehr widerstandsfähig und toleriert fast alle Böden, auch sandige, lehmige und kalkige, bevorzugt aber feuchten, gut durchlässigen Boden. Er ist unempfindlich gegenüber verschmutzter Stadtluft und eignet sich perfekt für kleine Gärten.

## KULTUR

Der Weißdorn kann als Hochstamm oder Buschbaum gezogen werden. Vor allem in ländlichen Gegenden wird er auch gern als Hecke gepflanzt. Ein starker Rückschnitt regt das Wachstum an, sodass die Hecke undurchdringlich wird.

## PFLEGETIPP

Achten Sie beim Schneiden von Weißdorn darauf, robuste Gartenhandschuhe und einen Augenschutz zu tragen. Die vielen scharfen Dornen an den Zweigen sind schmutzig und können, wenn sie die Haut verletzen, zu Infektionen führen. Eine Augenverletzung durch die Dornen ist sehr gefährlich.

**DOPPELGÄNGER**
Weißdorn wird häufig mit der Schlehe *(Prunus spinosa)* verwechselt. Diese blüht jedoch schon im März oder April vor dem Laubaustrieb.

### WEITERE INTERESSANTE ARTEN UND SORTEN

- 'Stricta' wächst säulenförmig und hat aufstrebende Zweige – ideal für beengte Standorte.
- *C. crus-galli* ist ein ausladender Baum mit langen Dornen, schöner Herbstfärbung und langlebigen roten Beeren.
- *C. laevigata* 'Paul's Scarlet' ist eine Zuchtform. Der kleine, rundliche Baum trägt im Frühjahr massenhaft dunkelrosa Blüten und im Herbst kleine rote Früchte. Er hat eine schöne Herbstfärbung.
- *C. laevigata* 'Punicea' (Syn. 'Crimson Cloud') ist ein Baum mit dichter, breiter Krone. Er trägt im Frühling kleine karminrote Blüten und im Herbst winzige rote Früchte.
- *C. persimilis* 'Prunifolia' ist ein zierlicher Baum mit dunkelgrünen Blättern, die im Herbst goldgelb, orange und rot werden. Er bildet große rote Früchte.
- *C. persimilis* 'Prunifolia Splendens' entwickelt eine breite Krone und hat eine schöne Herbstfärbung.

# Echte Zypresse

*Cupressus sempervirens,* auch Mittelmeer-Zypresse

Die Echte Zypresse ist ein mittelgroßer, immergrüner Baum aus dem Mittelmeerraum. Sie hat einen schlanken, säulenförmigen Wuchs und eine schuppige Rinde. Die grünen, schuppenartigen, duftenden Blätter stehen in Büscheln an aufrechten Ästen. Die runden Zapfen sind recht groß und wirken an dem eleganten Baum etwas deplatziert.

**Familie:** Cupressaceae

**Höhe:** 30 m

**Breite:** 4 m

**Wuchsform:** konisch

**Winterhart** bis –12 °C

**Standort:** volle Sonne

## STANDORT

Der vielseitige Baum wächst auf den meisten Böden von Sand bis Lehm, sauer bis alkalisch, sofern sie gut durchlässig sind. Er bevorzugt volle Sonne und einen windgeschützten Standort, weil starker Wind die aufrechten Äste auseinanderzieht und so das Kronendach beschädigen kann.

## KULTUR

Unabhängig von der Größe sollten Sie Containerware mit einem großen Wurzelballen kaufen, damit der Baum schnell sicheren Halt im Boden findet und nicht gestützt werden muss. Er eignet sich gut als Solitärbaum, kann aber auch als Gruppe gepflanzt werden, um den Blick in die Höhe zu lenken.

## PFLEGETIPP

Obwohl die Echte Zypresse eine recht schmale und aufrechte Krone hat, kann sie mit zunehmendem Gewicht der Äste und den großen Samenzapfen unförmig werden, besonders an windigen Standorten. Um dies zu verhindern, umwickeln Sie den Baum mit feinem Draht, der sich bald im Blattwerk verlieren wird.

### WEITERE INTERESSANTE ARTEN UND SORTEN

- 'Totem' (Syn. 'Totem Pole') ist eine besonders schlanke Form, die sich gut für beengte Standorte eignet.
- *C. arizonica* (Arizona-Zypresse) trägt rundliche, blaugrüne Nadeln.
- *C. cashmeriana* (Kaschmir-Zypresse) braucht einen windgeschützten Standort, sieht mit ihren elegant gebogenen Zweigen und den blaugrünen Nadeln aber besonders elegant aus.
- *C. macrocarpa* (Monterey-Zypresse) ist eine Elternsorte der Leyland-Zypresse (× *Cuprocyparis leylandii).* Der hohe Baum toleriert auch Küstenwinde.

**WEIZENFELD MIT ZYPRESSEN**
Im Jahr 1889 malte Vincent van Gogh dieses reife Weizenfeld mit einer dunklen provenzalischen Zypresse, die sich rechts wie ein grüner Obelisk erhebt. Links sind hellere Olivenbäume zu sehen.

# Weihnachtsbaum im Kübel

Jedes Jahr in der Vorweihnachtszeit werden allein in Deutschland 23–25 Millionen Weihnachtsbäume verkauft, um die Wohnung festlich zu schmücken. Für diesen Zweck werden verschiedene Nadelbäumen angebaut, hauptsächlich aber Fichten *(Picea)*, Kiefern *(Pinus)* und die nadelfeste Weiß-Tanne *(Abies alba)*. Nach der Anpflanzung brauchen Kiefern etwa fünf Jahre, Fichten sieben Jahre und Weiß-Tannen zehn Jahre, um eine verkaufsfähige Größe zu erreichen. Die Bäume werden ausschließlich für die Weihnachtszeit gezüchtet und anschließend größtenteils entsorgt. Nachhaltiger ist es, einen eigenen Weihnachtsbaum zu ziehen und über viele Jahre immer wieder zu nutzen.

Viele Gartencenter bieten im Spätherbst kleine Weihnachtsbäume als Containerware an. Vergewissern Sie sich vor dem Kauf, dass der Baum im Container gewachsen ist und ein gutes Wurzelsystem entwickelt hat. Vermeiden Sie Bäume, die aus dem Boden gerissen und nur für das Fest in einen Topf gepflanzt wurden.

Wählen Sie ein Gefäß in passender Größe und geben Sie auf den Boden zuerst eine Schicht Drainagematerial (siehe Seite 88). Für dieses Projekt wurde ein Topf mit einem Durchmesser von 28 cm verwendet. Setzen Sie den kleinen Weihnachtsbaum in hochwertiges Universalsubstrat und bedecken Sie die Oberfläche mit Splitt, um Wasserspritzer zu vermeiden. Den Baum nach dem Pflanzen gut angießen, dann den Topf in den Garten stellen. Übermäßig lange Seitenäste, die dem Baum eine unausgewogene Form geben, können Sie zurückschneiden, sobald sie sich entwickeln.

Holen Sie den Baum so spät wie möglich ins Haus, am besten erst am Wochenende vor dem Weihnachtsfest, und stellen Sie ihn nicht in die Nähe von Heizkörpern, Ofen oder offenem Kamin. Gießen Sie den Baum regelmäßig, aber nicht allzu großzügig.

Nach den Feiertagen wird der Baum wieder in den Garten gestellt, damit er sich erholen und wachsen kann, bis das nächste Weihnachtsfest vor der Tür steht. Wie jede andere Kübelpflanze will er nach einigen Jahren im Freien umgetopft werden.

1

2

3

1 Einen geeigneten Baum wählen (hier eine Fichte).
2 Drainagematerial in den Topf geben, dann den Baum in hochwertiges Universalsubstrat pflanzen.
3 Die Substratoberfläche mit feinem Splitt bedecken. Den Baum gut angießen.
4 Den Baum regelmäßig pflegen und kontrollieren, bevor er zum Fest ins Haus geholt wird.

4

# Taschentuchbaum

*Davidia involucrata*, auch Taubenbaum

Dieser Baum macht seinem Namen alle Ehre. Vor allem im Frühjahr ist er ein wunderschöner Blickfang. Dann sieht er aus, als würden zahlreiche Taschentücher im Geäst hängen – oder weiße Tauben auf den Zweigen sitzen. Das sind die großen Hochblätter der unscheinbaren, violett geäderten Blüten. Aus ihnen entwickeln sich die großen ovalen Früchte, die einzeln an langen Stielen hängen.

**Familie:** Nyssaceae

**Höhe:** 10–15 m

**Breite:** 10 m

**Wuchsform:** ausladend

**Winterhart** bis –18 °C

**Standort:** volle Sonne oder Halbschatten

## STANDORT

Der Taschentuchbaum bevorzugt einen tiefgründigen, fruchtbaren, feuchten, aber gut durchlässigen Boden an einem geschützten Standort, weil Spätfröste und starker Wind die Hochblätter beschädigen können. Er ist ein idealer Solitärbaum für jeden Garten oder Park.

## KULTUR

Weil der Taschentuchbaum nicht ganz leicht anwächst, empfiehlt es sich, etwas mehr Geld auszugeben und ein größeres Exemplar zu kaufen. In vielen Baumschulen haben Sie die Wahl zwischen ein- und mehrstämmigen Exemplaren. Oft blühen sie aber erst nach einem oder zwei Jahrzehnten.

**DAVIDS TASCHENTUCH**

Die Gattung *Davidia* ist nach Pater Armand David benannt, einem französischen Missionar und Naturforscher, der im späten 19. Jahrhundert China bereiste. Er ist auch als Père David bekannt. Viele weitere Pflanzen wie Davids-Ahorn *(Acer davidii)* wurden ebenfalls nach ihm benannt (siehe Seite 78).

## PFLEGETIPP

Ein junger Taschentuchbaum kann recht widerspenstig sein und wird versuchen, mehrere konkurrierende Leittriebe zu bilden. Ein früher Erziehungsschnitt ist sinnvoll, damit sich eine schöne Krone entwickelt. Schneiden Sie im Sommer, nicht während der Ruhezeit, einige Triebe mit einer Gartenschere heraus, damit ein starker Leittrieb übrig bleibt.

# Ginkgo

*Ginkgo biloba*, auch Fächertanne, Mädchenhaarbaum

Der Ginkgo ist ein sehr langlebiger Baum. Die Krone ist in der Jugend schlank und symmetrisch und wird mit zunehmendem Alter ausladender. Sein Erkennungsmerkmal ist das einzigartige, zweilappige, fächerförmige, grüne Blatt. Alle Ginkgo-Sorten haben eine schöne, leuchtend gelbe Herbstfärbung (siehe Seite 50). Die Rinde ist grau und schuppig. Die gelben, aprikosenähnlichen Früchte enthalten jeweils einen einzelnen Samen.

**Familie:** Ginkgoaceae

**Höhe:** 20–35 m

**Breite:** 10–15 m

**Wuchsform:** zunächst schlank, später ausladend

**Winterhart** bis –29 °C

**Standort:** volle Sonne

## STANDORT

Diese Bäume gedeihen auf allen Böden – von Kalk bis zu saurem Lehm –, sofern sie gut durchlässig sind. Der Standort sollte in voller Sonne liegen. Der Ginkgo ist eine Zierde für jeden Garten und verträgt verschmutzte Stadtluft besser als viele andere Bäume. Im Kübel eignet er sich für den Balkon (siehe Seite 88).

## KULTUR

Ginkgos kann man als Ballen- oder Containerware in verschiedenen Größen kaufen. Nach der Pflanzung dauert es meist zwei oder drei Jahre, bis sich der Baum gut etabliert hat. Dann zeigt er sich jedoch als relative schnellwüchsig.

## PFLEGETIPP

Ginkgos sind entweder männlich oder weiblich. Das Geschlecht eines Baums kann man nur erkennen, wenn er Früchte trägt. Kaufen Sie lieber einen männlichen Baum, denn die Früchte des weiblichen Baums enthalten Buttersäure, die auch in ranziger Butter und Käse vorkommt. Das Fruchtfleisch der reifen gelben Früchte riecht nach Erbrochenem oder Hundekot – nicht wünschenswert für den Garten!

### INTERESSANTE SORTEN

- 'Autumn Gold' (männlich) wächst ausladend und wird sehr hoch, braucht also viel Platz.
- 'Blagon' (Syn. 'Fastigiata Blagon'; nicht fruchtend) ist ein säulenförmiger Baum von bis zu 20 m Höhe mit aufrechtem Astgerüst und zahlreichen dünnen Seitentrieben.
- 'Princeton Sentry' (männlich) ist eine schnellwüchsige säulenförmige Sorte.

**JURASSIC PARK**

Fossilienfunde beweisen, dass es den Ginkgo schon im frühen Jura gab, also vor etwa 201 bis 174 Millionen Jahren.

# Ein Baum im Kübel für den Balkon

Für jeden Standort gibt es passende Bäume – wenn für ausreichend Tageslicht und Wasser gesorgt ist, können Sie einen Baum sogar in einen Kübel auf dem Balkon oder der Terrasse pflanzen. Manche Bäume passen ihr Wachstum von Natur aus an den Platz an, der ihren Wurzeln zur Verfügung steht. Im Kübel hemmt das geringe Platzangebot das Wachstum, sodass sich auf natürliche Weise ein Bonsaibaum entwickelt, der trotzdem gesund gedeiht. Gute Beispiele sind der Seidenbaum *(Albizia julibrissin)* und der Ginkgo *(Ginkgo biloba)*, den es in vielen Sorten mit unterschiedlichen Blattformen gibt (siehe Seite 87).

Der beste Zeitpunkt für die Pflanzung ist die Ruhezeit, bei guter Pflege kann aber auch in der Vegetationsperiode gepflanzt werden (siehe Seite 28). Sie benötigen ein geeignetes Gefäß, vorzugsweise einen Terrakotta-Kübel oder einen glasierten Topf, und einen kleinen Baum. Füllen Sie den Kübel zur Hälfte mit Tonscherben oder Kieseln, um Staunässe zu vermeiden. Dann füllen Sie eine Schicht hochwertiges Universalsubstrat ein. Lassen Sie dabei genug Platz für den Wurzelballen des Baums.

Setzen Sie den Baum in den Kübel und füllen Sie rundherum so viel Substrat auf, dass der Baum wieder in der vorherigen Tiefe im Substrat steht (das ist an den Spuren am Stamm zu erkennen). Die oberen 2,5 cm des Kübels sollten frei bleiben, damit Gießwasser nicht überläuft. Nun den Kübel mehrmals fest auf den Boden aufsetzen, damit Lufteinschlüsse entweichen. Um Erdspritzer beim Gießen zu vermeiden, geben Sie eine Schicht aus feinem gewaschenem Kies auf die Oberfläche. Danach den Baum angießen und eventuell beschriften.

Gießen Sie Ihren Schützling während der Wachstumsperiode regelmäßig und versorgen Sie ihn im Frühjahr einmal mit einem ausgewogenen Flüssigdünger. Nach zwei oder drei Jahren können Sie den Baum in ein größeres Gefäß umtopfen oder ihn an Freunde verschenken, die ihn in ihren Garten pflanzen.

1 Den Kübel zur Hälfte mit Drainagematerial füllen, dann Universalsubstrat darauf geben. Genug Platz für den Wurzelballen lassen.

2 Den Baum mittig in den Kübel setzen, der Wurzelballen liegt knapp unter dem Kübelrand.

3 Substrat auffüllen und andrücken. Einen 2,5 cm hohen Gießrand frei lassen.

4 Die Oberfläche mit sauberen Kieseln bedecken, um Erdspritzer beim Gießen zu vermeiden.

5 Den Baum angießen und den Kübel beschriften.

A Dieser junge Seidenbaum *(Albizia julibrissin)* bleibt im Kübel klein und eignet sich darum gut für den Balkon. Er braucht aber viel Wasser und gelegentlich etwas Dünger.

1

2

3

4

5

A

# Gleditschie

*Gleditsia triacanthos,* auch Falscher Christusdorn

Die Gleditschie ist ein schnellwüchsiger, großer Baum aus dem östlichen Nordamerika mit einer offenen Wuchsform, feiner Belaubung und tiefen Wurzeln. Die abschilfernde Rinde ist braungrau mit flachen Rissen, die Äste tragen nadelspitze Dornen. Die zusammengesetzten, gefiederten Blätter sind grün und färben sich im Herbst leuchtend goldgelb (siehe Seite 50). Nach der Blüte entwickelt die Gleditschie lange, glänzende, braunrote Samenkapseln, die den ganzen Winter über am Baum bleiben und im Wind rasseln.

**Familie:** Fabaceae

**Höhe:** 20 m

**Breite:** 8 m

**Wuchsform:** offen oder oval

**Winterhart** bis –23 °C

**Standort:** volle Sonne

## STANDORT

Der trockenheitsverträgliche Baum wächst auf sauren und alkalischen Böden – sogar auf unfruchtbarem Grund, sofern dieser gut durchlässig ist. Er bevorzugt einen Sonnenplatz und verträgt verschmutzte Stadtluft.

## KULTUR

Wie andere Schmetterlingsblütler bildet auch die Gleditschie tiefe Wurzeln, sodass ein im Container gezogener Baum schnell anwachsen wird. Sie eignet sich gut für die Pflanzung im Beet, weil die lichte Krone nur wenig Schatten auf den Boden wirft.

## PFLEGETIPP

Pflanzen Sie diesen Baum nicht in die Nähe von stark frequentierten Wegen oder entfernen Sie die unteren Äste, damit sich Passanten nicht an den gefährlichen Dornen verletzen können. Alternativ entscheiden Sie sich für die dornenlose Form.

**WEITERE INTERESSANTE FORMEN**

- f. *inermis* ist eine dornenlose Gleditschie – ideal für Gartenbesitzer mit Kindern.
- f. *inermis* 'Sunburst' ist ein mittelgroßer Baum, dessen Blätter im Sommer goldgelb leuchten.

**SÜSSER GESCHMACK**

Das süßlich schmeckende Fruchtfleisch der Samenstände verwendeten die amerikanischen Ureinwohnern als Nahrungs- und Heilmittel.

# Neuseelandeibisch

*Hoheria sexstylosa*

Dieser anmutige, immergrüne Baum stammt aus Neuseeland. In der Jugend wächst er aufrecht, später entwickelt er einen Trauerwuchs. Er hat ledrige, scharf gezähnte, glänzende Blätter und trägt im Sommer große, duftende, weiße Blüten, aus denen sich geflügelte, trockene Früchte entwickeln. Die Gattung umfasst nur sechs Arten und ist als Gartenpflanze auf der nördlichen Halbkugel noch recht unbekannt.

**Familie:** Malvaceae

**Höhe:** 8 m

**Breite:** 6 m

**Wuchsform:** in der Jugend säulenförmig; später Trauerwuchs

**Winterhart** bis –10 °C

**Standort:** volle Sonne oder Halbschatten

## STANDORT

Anfangs hielt man den Neuseelandeibisch für frostempfindlich. Tatsächlich hat er sich als frosthart erwiesen, wenn er an einem geschützten Platz steht und keinen kalten Winden ausgesetzt ist. Er gedeiht in jedem fruchtbaren, gut durchlässigen, neutralen bis sauren Boden, aber nicht auf Lehm. Der Neuseelandeibisch ist auch ein guter Baum für Küstenlagen.

## KULTUR

Dieser elegante, immergrüne Baum eignet sich gut als Sichtschutz oder Heckenpflanze, macht aber auch im hinteren Teil eines Staudenbeetes oder als einzelnes Ziergehölz eine gute Figur. Man kann ihn natürlich wachsen lassen oder in Form schneiden.

## PFLEGETIPP

Obwohl der Neuseelandeibisch frosthart ist, gedeiht er besser, wenn er vor einer sonnigen Wand wächst. Pflanzen Sie ihn im späten Frühjahr oder im Frühsommer, wenn keine Frostgefahr mehr besteht.

### WEITERE INTERESSANTE ARTEN UND SORTEN

- 'Snow White' hat einen pyramidenförmigen Wuchs und trägt im Sommer zahlreiche weiße Blüten.
- 'Stardust' wächst säulenförmig und bildet im Spätsommer duftende weiße Blüten.
- *H. angustifolia* hat schmale, graugrüne bis dunkelgrüne immergrüne Blätter und weiße Blüten.
- *H.* 'Glory of Amlwch' ist eine halb-immergrüne Kreuzung aus *H. glabrata* und *H. sexstylosa* mit reinweißen Blüten.
- *H. lyallii* trägt behaarte, sommergrüne Blätter und im Sommer leicht duftende weiße Blüten.
- *H. populnea* ist immergrün und mit 12 m die höchste Art.

**SECHS GRIFFEL**

Der Artname *sexstylosa* ist lateinisch und bedeutet «sechs Griffel». Sie bilden mit dem Fruchtknoten den weiblichen Teil der Blüte.

# Schwarze Walnuss

*Juglans nigra*

Die Schwarze Walnuss ist ein stattlicher, schnell wachsender, sommergrüner Baum, der im östlichen Nordamerika beheimatet ist und 1629 in europäische Gärten eingeführt wurde. Es ist ein großer Schattenbaum, der schon in jungen Jahren eine tief gefurchte, dunkle Rinde trägt. Die großen, gefiederten Blätter mit zehn bis zwölf gezähnten Fiederblättchen verströmen beim Zerreiben einen intensiven Geruch. Die Früchte sind groß, rund und paarig und enthalten eine essbare Nuss.

**Familie:** Juglandaceae

**Höhe:** 20–30 m

**Breite:** 10–20 m

**Wuchsform:** rundlich oder offen

**Winterhart** bis −29 °C

**Standort:** volle Sonne

## STANDORT

Dieser Baum entwickelt sich am besten auf tiefgründigem, nährstoffreichem, feuchtem, aber gut durchlässigem Boden. Er verträgt basischen und alkalischen Boden, braucht aber viel Sonne und reichlich Platz, um seine breite Krone zu entwickeln. Die Walnuss ist einer der besten Solitärbäume für einen großen Garten.

## KULTUR

Wie viele Bäume aus der Familie der Juglandaceae hat auch die Walnuss eine Pfahlwurzel, die nicht gerne gestört wird. Kaufen Sie darum einen kleinen, im Container gezogenen Baum, damit er zuverlässig anwächst.

## PFLEGETIPP

Die Schwarze Walnuss eignet sich ausgezeichnet für Gebiete, in denen späte Frühjahrsfröste vorkommen (siehe Seite 136). Für wärmere Regionen kann die echte Walnuss (*J. regia*) besser geeignet sein.

**ALLELOPATHIE**

Alle Walnussbäume produzieren den chemischen Stoff Juglon, der das Wachstum anderer Bäume hemmt. So wird Konkurrenz unterdrückt und die Wachstumschancen junger Bäume verbessern sich. Diese Wechselwirkung zwischen Pflanzen nennt man Allelopathie.

**WEITERE INTERESSANTE ARTEN UND SORTEN**

- *J. ailantifolia* (Japanische Walnuss) trägt lange, gefiederte Blätter.
- *J. mandshurica* (Syn. *J. cathayensis*; Mandschurische Walnuss) wächst von Natur aus mehrstämmig und hat lange, gefiederte Blätter.
- *J. regia* (Echte Walnuss) hat eine ausladende, runde Krone und eine glatte Rinde. Sie liefert eine gute Ernte an essbaren Nüssen, wenn man den Eichhörnchen zuvorkommt. 'Broadview' ist eine kompakte, mittelgroße, besonders ertragreiche Sorte.

# Goldregen

*Laburnum anagyroides*

Dieser zierliche, sommergrüne Baum hat eine dünne, glatte, dunkelgrüne Rinde. Die breiten Hauptäste hängen an den Enden herab. Die dunkelgrünen, dreigliedrigen Blätter mit langen Blattstielen hängen an behaarten Zweigen. Im späten Frühjahr erscheinen die dekorativen gelben Schmetterlingsblüten, die in langen Trauben herabhängen. Aus ihnen entwickeln sich längliche Früchte. Die darin enthaltenen kleinen schwarzen Samen sind für Mensch und Tier hochgiftig.

**Familie:** Fabaceae

**Höhe:** 7 m

**Breite:** 2 m

**Wuchsform:** ausladend

**Winterhart** bis –29 °C

**Standort:** volle Sonne

## STANDORT

Der Goldregen braucht volle Sonne und verträgt keinen Schatten. Er gedeiht am besten in fruchtbaren, sehr gut durchlässigen Böden. Er verträgt Küstenwinde mittlerer Stärke. In kleine Gärten kann man ihn als Solitär in ein Beet oder den Rasen pflanzen. Es ist auch möglich, ihn am Spalier zu ziehen, damit die Blüten besser zur Geltung kommen. Kinder und Tiere sollten keinen Zugang haben. Klären Sie Kinder über seine Giftigkeit auf.

## KULTUR

Pflanzen Sie möglichst einen jungen, im Container gezogenen Baum. Größere Bäume sollte man nicht verpflanzen, weil das Wurzelsystem nie wirklich mit dem Wachstum an der Spitze mithalten kann. Das kann bewirken, dass sich der Baum im Lauf der Zeit neigt oder sogar umfällt.

## PFLEGETIPP

Goldregen muss normalerweise kaum geschnitten werden und blüht auch ohne Eingriffe gut. Falls Sie sich kreuzende Äste oder untere Äste entfernen wollen, sollten Sie dies in der Ruhephase oder im Hochsommer tun, wenn der Baum voll belaubt ist, um den Austritt von Saft zu vermeiden.

### WEITERE INTERESSANTE ARTEN UND SORTEN

- 'Yellow Rocket' ist ein Baum mit schlankerem Wuchs und hellgelben Blüten.
- *L. × watereri* 'Vossii' trägt besonders lange Rispen aus leuchtend gelben Blüten.
- *Laburnocytisus adamii* (Chimären-Goldregen) ist eine kleine, veredelte Kreuzung aus Goldregen und Rotem Ginster. Er trägt drei verschiedene Arten von Blüten an denselben Zweigen.

### HERR DER RINGE

Für den mystischen Baum Laurelin, den J.R.R. Tolkien im Simarillion beschreibt, könnte der Goldregen Pate gestanden haben.

# Ein Insektenhotel bauen

Immer mehr Gärtner setzen auf umweltfreundliche Methoden und versuchen, auch bei der Schädlingsbekämpfung einen ökologischen Ansatz zu verfolgen. Dazu gehört, Nützlinge in den Garten einzuladen. Solitärbienen helfen bei der Bestäubung von Blüten, während Florfliegen sich von Blattläusen ernähren. Beide sind also sehr willkommen im Garten. Solitärbienen brauchen einen Platz zum Nisten, denn im Gegensatz zu Honigbienen leben sie nicht in einem Bienenstock mit einer Königin. Stattdessen bauen sie ein Nest, indem sie ein Stück Holz oder einen Stein anbohren und eine kleine Kinderstube anlegen, in die sie ihre befruchteten Eier legen.

Natürlich kann man Insektenhotels fertig kaufen, aber viel interessanter ist es, ein eigenes zu bauen. Man braucht dafür etwas Zeit, aber Kosten fallen kaum an. Die Größe können Sie im Grunde selbst bestimmen, lediglich der vorgesehene Platz kann den Bauplänen Grenzen setzen. Wichtig ist, dass Sie das Insektenhotel an einem geschützten, warmen und trockenen Standort an einer sonnigen Haus- oder Gartenwand aufstellen, der für die Bienen leicht zu finden ist. Wenn es einmal aufgestellt ist, werden Sie stundenlang beobachten können, wie die Bienen es besuchen, ihre Eier ablegen und die Enden mit Schlamm verschließen. Das ist ungemein beruhigend.

**SIE BRAUCHEN**

- Brett, 14 cm breit und 2 cm dick
- Sperrholz, 3 mm dick (für die Rückseite)
- Säge und Gartenschere
- elektrische Bohrmaschine
- Holzleim für den Außenbereich
- Holzschrauben (5,0 × 50 mm) und Schraubendreher
- 2 oder 3 Bilderösen zum Aufhängen (je nach Gewicht des fertigen Hotels)
- Abschnitte von kleinen Ästen
- hohle Bambusrohre in verschiedenen Größen

1 Für den Rahmen (etwa in der Größe eines Nistkastens) das Brett in fünf kürzerer Stücke schneiden. Die Größe hängt davon ab, wie viel Platz Sie für das fertige Insektenhotel zur Verfügung haben. Die Stücke zu einem Kasten mit Spitzdach zusammenleimen und verschrauben, dann die Rückwand anbringen. An der Rückseite des Rahmens werden die Bildaufhänger festgeschraubt.

2 Die kleinen Äste und die Bambusrohre so kürzen, dass sie in den Kasten passen. Die Bambusrohre zwischen den Knoten durchsagen, damit die Bienen hineinkriechen können. Die Enden glatt schleifen, damit einfliegende Bienen sich nicht an Splittern verletzen. Das Mark aus den Bambusrohren entfernen. In dickere Aststücke mehrere Löcher mit unterschiedlichen Durchmessern (4 mm, 6 mm und 8 mm) bohren – möglichst tief, aber nicht ganz durchbohren.

3 Die Äste und Bambusrohre so in den Rahmen stecken, dass sie sich gegenseitig festklemmen und bei Erschütterung möglichst nicht herausfallen.

4 Das Insektenhotel mithilfe der Bilderösen an einer sonnigen Wand anbringen.

5 Nun können Sie abwarten, wann die ersten Gäste in Ihr Hotel einziehen.

1
2
3
4
5

# Amerikanischer Amberbaum

*Liquidambar styraciflua*

Dieser mittelgroße bis große Baum, der im 17. Jahrhundert aus den östlichen Bundesstaaten der USA in die Gärten eingeführt wurde, besticht mit seiner intensiven, lange anhaltenden Herbstfärbung (siehe Seite 50). Vor allem die Zuchtformen sind für den Garten eine Bereicherung. Die Blätter ähneln denen des Ahorns *(Acer)*, sind aber wechselständig angeordnet, während der Ahorn gegenständige Blätter hat.

**Familie:** Altingiaceae

**Höhe:** 12–30 m

**Breite:** 8 m

**Wuchsform:** in der Jugend pyramidenförmig, später rund

**Winterhart** bis −29 °C

**Standort:** volle Sonne

## STANDORT

Der Amerikanische Amberbaum gedeiht auf den meisten nährstoffreichen, neutralen bis sauren, feuchten Böden, sofern sie gut durchlässig sind. Kalk verträgt er nicht. Er passt zu allen Gartenstilen und eignet sich auch sehr gut als Alleebaum. Die beste Herbstfärbung entwickelt er an einem vollsonnigen Standort.

## KULTUR

Baumschulen bieten Amberbäume in verschiedenen Altersstufen an. Der Amberbaum lässt sich gut verpflanzen, wächst leicht an und ist insgesamt sehr zuverlässig.

## PFLEGETIPP

Lassen Sie sich nicht von korkigen Rindenflügeln an den jungen Stämmen und Ästen abschrecken. Dies ist ein typisches Merkmal dieser Bäume, das bei einigen stärker ausgeprägt ist als bei anderen.

## INTERESSANTE SORTEN

- 'Lane Roberts' hat eine offene, pyramidenförmige Krone und eine intensiv dunkelrote bis schwärzlich rote Herbstfärbung.
- 'Palo Alto' ist eine pyramidenförmige Sorte, die bis 20 m hoch wird. Sie hat einen korkigen Stamm und orange-rotes bis dunkel purpurrotes Herbstlaub.
- 'Stella' (Syn. 'Stared') wächst pyramidenförmig und hat tief eingeschnittene, sternförmige Blätter mit guter Herbstfärbung.
- 'Worplesdon' ist eine der beliebtesten Sorten. Sie hat eine pyramidenförmige Krone mit aufrechten Ästen und eine hinreißende Herbstfärbung.

## DER NAME SAGT ES

*Liquidambar* leitet sich von *Liquidus ambar* ab. Aus den Bäumen wird ein flüssiges, duftendes Balsam gewonnen, das in der Parfüm- und Medikamentenherstellung zum Einsatz kommt.

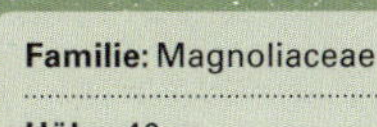

# Tulpenbaum

*Liriodendron tulipifera*

Der Tulpenbaum ist ein großer, schnellwüchsiger Baum aus dem Osten der USA. Die sehr markanten, glänzend grünen, gelappten Blätter färben sich im Herbst buttergelb (siehe Seite 50). Im Frühsommer trägt er grünliche, tulpenförmige Blüten mit orangefarbener Zeichnung.

**Familie:** Magnoliaceae

**Höhe:** 40 m

**Breite:** 15 m

**Wuchsform:** oval oder offen

**Winterhart** bis –23 °C

**Standort:** volle Sonne

## STANDORT

Dieser Baum braucht viel Platz, um sich voll entfalten zu können. Er eignet sich am besten für einen sehr großen Garten oder als Solitär auf einer Wiese oder in einem Park. Er bevorzugt einen feuchten, aber gut durchlässigen, fruchtbaren Boden.

## KULTUR

Der Tulpenbaum wird in der Regel als Hochstamm gepflanzt, da er schnell in die Höhe wächst und dann zu einem großen Schattenbaum wird. Man kann Jungpflanzen oder größere Exemplare pflanzen, sollte aber darauf achten, dass die Pflanze im Container gezogen wurde und einen gut ausgebildeten Wurzelballen hat.

## PFLEGETIPP

Geben Sie Ihrem jungen Baum in den ersten Jahren nach der Pflanzung vor allem bei trockenem Wetter reichlich Wasser, bis er sich gut etabliert hat und sich selbst mit Wasser versorgt.

### WEITERE INTERESSANTE ARTEN UND SORTEN

- 'Aureomarginatum' ist eine attraktive Zuchtform mit leuchtend gelb geränderten Blättern.
- 'Fastigiatum' hat einen eher säulenförmigen Wuchs und blüht schon in jüngerem Lebenalter als die Art.
- *L. chinense* ist der Chinesische Tulpenbaum. Die Blätter sind größer, stärker gelappt und haben silbrig-blaue Unterseiten.

### KEINE VERWANDTSCHAFT

Die Blüten ähneln zwar Tulpen, aber die Zwiebelpflanze und der Baum sind nicht verwandt. Die Blätter haben gewisse Ähnlichkeit mit denen der Pappel *(Populus)*.

# Immergrüne Magnolie

*Magnolia grandiflora*

Die 1734 aus den Südstaaten der USA nach Europa eingeführte Magnolie ist einer der beliebtesten immergrünen Gartenbäume. Baumschulen bieten verschiedene Sorten an. Diese robuste Magnolie bildet im Sommer und Frühherbst besonders große, stark duftende, cremeweiße, becherförmige Blüten.

## STANDORT

Mancher mag diesen Baum für einen empfindsamen Strauch halten, weil er oft am Spalier an einer sonnigen Wand gepflanzt wird, um ihm Winterschutz zu bieten. Tatsächlich ist die Immergrüne Magnolie aber sehr winterhart und gedeiht als freistehender Baum auf jedem feuchten, aber gut durchlässigen Boden. Sie bevorzugt sauren Boden, verträgt aber auch nährstoffreichen Schluffboden mit etwas Kalk.

## KULTUR

Pflanzen Sie diesen Baum im Frühjahr oder Herbst als Ballen- oder Containerware. Wurzelnackte Bäume wachsen weniger zuverlässig an. Man kann mehrstämmige und einstämmige Pflanzen kaufen. Die Entscheidung hängt davon ab, wohin der Baum gepflanzt werden soll.

## PFLEGETIPP

Die meisten immergrünen Bäume werden im Sommer geschnitten. Da Immergrüne Magnolien aber in den ersten Jahren langsam wachsen, sollten sie im Frühjahr geschnitten werden, bevor das Wachstum einsetzt.

**AUFGEFÄDELT**

Die Immergrüne Magnolie bildet bräunliche Sammelfrüchte. Wenn sie reif sind, öffnen sich die einzelnen Früchte und die leuchtend orangefarbenen Samen hängen an feinen Fäden aus der Frucht heraus.

**WEITERE INTERESSANTE ARTEN UND SORTEN**

- 'Exmouth' bildet glänzende Blätter und sehr große, intensiv duftende Blüten.
- 'Galissonnière' ist eine sehr kälteverträgliche Sorte. Die großen, grün glänzenden Blätter tragen auf der Unterseite feine bronzefarbene Härchen.
- 'Goliath' hat kurze glänzende Blätter. Die sehr großen Blüten erscheinen früher als die der Art.
- *M. delavayi* aus China trägt große, matt grüne Blätter und bildet vom Sommer bis in den Herbst duftende, cremeweiße Blüten.
- *M. virginiana* (Sumpf-Magnolie) ist in mildgemäßigten Wintern halb immergrün. Sie trägt im Sommer kleine cremeweiße Blüten.

# Tulpen-Magnolie

*Magnolia × soulangeana*

Es gibt verschiedene laubabwerfende Magnolien, die sich gut für den Garten eignen. Letztlich entscheiden persönliche Vorlieben in Bezug auf Blütenfarbe, -größe und -form über die Wahl. Eine beliebte und zuverlässige Magnolie ist *M. × soulangeana*, die im Frühjahr viele auffällige tulpen- oder schalenförmige Blüten in Weiß, Rosa oder Violett präsentiert.

**Familie:** Magnoliaceae

**Höhe:** 4–8 m

**Breite:** 4–8 m

**Wuchsform:** ausladend

**Winterhart** bis –23 °C

**Standort:** volle Sonne oder Halbschatten

## STANDORT

Tulpen-Magnolien bevorzugen einen fruchtbaren, feuchten, aber gut durchlässigen, sauren oder neutralen Boden. Aufgrund ihrer natürlichen Form und Größe eignen sie sich ideal als Solitärpflanze im Beet oder im Rasen.

## KULTUR

Kaufen Sie eine im Container gezogene Pflanze, da Tulpen-Magnolien es übel nehmen, wenn ihre fleischigen Wurzeln gestört werden. Wichtig ist, dass die Baumschule im Winter das Wurzelwerk geschützt hat, denn ein harter Frost kann die Wurzeln im Topf abtöten.

## PFLEGETIPP

Wegen der fleischigen Wurzeln sollten Sie einen Magnolienbaum beim Einpflanzen mit der Faust andrücken, statt ihn festzutreten. So lässt sich der Druck auf den Wurzelbereich besser einschätzen und die Wurzeln werden nicht versehentlich beschädigt. Nach dem Pflanzen gut angießen.

**WEITERE INTERESSANTE ARTEN UND SORTEN**

- *M. campbellii* ist ein großer Baum, der schon vom Spätwinter an große dunkelrosa Blüten bildet.
- *M.* 'Elizabeth' trägt im Frühjahr hellgelbe, schalenförmige Blüten.
- *M. kobus* ist ein großer Baum mit kleinen weißen Blüten im Frühjahr.
- *M.* 'Star Wars' trägt vom mittleren bis späten Frühjahr duftende rosarote Blüten.

**OHNE BIENEN**

Magnolien gab es schon, als noch keine Bienen auf der Erde lebten. Darum werden sie von Käfern bestäubt.

# Beeren-Apfel

*Malus baccata*, auch Kirsch-Apfel

**Familie:** Rosaceae

**Höhe:** 6–10 m

**Breite:** 6–10 m

**Wuchsform:** ausladend

**Winterhart** bis –40 °C

**Standort:** volle Sonne

Diese Zieräpfel sind kleine bis mittelgroße Bäume mit unterschiedlichen Wuchsformen, aber die meisten sind breitwüchsig. Alle tragen im Frühjahr auffällige Blüten, aus denen sich dekorative Früchte entwickeln, und einige haben eine schöne Herbstfärbung. Der Beeren-Apfel blüht besonders früh und zeigt seine duftenden, schneeweißen Blüten meist vor oder während des Laubaustriebs. Er trägt kleine, gelb-rote Früchte. Zieräpfel sind auch gut als Wirtsbäume für Misteln geeignet (siehe Seite 104).

## STANDORT

Diese Bäume wachsen in jedem feuchten, aber gut durchlässigen, fruchtbaren Boden mit neutralem pH-Wert; Staunässe vertragen sie nicht. Wegen ihrer geringen Größe eignen sie sich perfekt für kleine Gärten. Als schöne und zugleich robuste Solitärbäume bieten sie rund ums Jahr etwas fürs Auge. Ihre Blüten sind eine wertvolle Nahrungsquelle für Honigbienen.

## KULTUR

Pflanzen Sie Zieräpfel, wenn die Bäume noch klein sind. Lassen Sie sie natürlich wachsen, möglichst ohne mit der Gartenschere einzugreifen. Lediglich überlange Äste können gekürzt werden. Entfernen Sie jedoch Wildtriebe aus der Veredelungsunterlage, sobald Sie sie entdecken (siehe Seite 43).

## PFLEGETIPP

Der Beeren-Apfel ist anfällig für den Apfelschorf. Diese Pilzerkrankung äußert sich im späten Frühjahr durch dunkle Flecken auf den Blättern. Im Sommer werden die Blätter dann gelb und fallen vorzeitig ab. Harken Sie die Blätter zusammen und verbrennen Sie sie, um die Krankheit ohne Einsatz von Giften zu bekämpfen.

### WEITERE INTERESSANTE ARTEN UND SORTEN

Es gibt weitaus mehr schöne Zierapfelsorten, als man in diesem Buch aufführen könnte. Darum folgt hier nur eine kleine Auswahl.

- 'Gracilis' ist ein ausladender, überhängender Baum von 4–6 m Höhe mit kleinen weißen Blüten im späten Frühjahr.
- *M.* 'Evereste' schiebt rosa Knospen, die sich zu weißen, rosa überhauchten Blüten öffnen. Die kleinen Früchte bleiben lange am Baum und sind bei Vögeln beliebt.
- *M.* × *floribunda* (Vielblütiger Apfel) hat lange, überhängende Äste. Karminrote Knospen öffnen sich zu hellrosa Blüten, aus denen sich kleine rote und gelbe Früchte entwickeln.
- *M.* 'John Downie' ist eine alte, breitwüchsige Sorte mit großen, leuchtend roten oder orangefarbenen Früchten.
- *M.* × *moerlandsii* 'Profusion' treibt kupferfarbig aus. Die Blüten sind purpurrot, die kleinen Früchte blutrot.
- *M.* 'Royalty' hat satt purpurrote Blätter, karminrote Blüten und dunkelrote Früchte.
- *M. toringo* ist eine japanische Art mit überhängenden Zweigen. Rosa Knospen öffnen sich zu weißen Blüten, aus denen sich kleine rote oder gelbe Früchte entwickeln.
- *M.* × *zumi* 'Golden Hornet' bildet weiße Blüten. Die gelben Früchte halten sich lang.

*Malus prattii*

**LIEBESORAKEL**

Früher hieß es, man solle die Kerne eines Zierapfels ins Feuer werfen und dabei den Namen des oder der Liebsten sagen. Wenn die Kerne explodieren, ist es wahre Liebe.

*Malus* × *floribunda*

# Misteln in einem Baum ansiedeln

In manchen Ländern hängen die Menschen um die Weihnachtszeit in den Wohnungen Mistelzweige auf. Wer darunter stehen bleibt, darf geküsst werden. Misteln kann man im Blumengeschäft kaufen, aber es macht auch Spaß, sie im eigenen Garten zu züchten.

Die europäische Mistel ist ein Halbschmarotzer namens *Viscum album*, während die nordamerikanische Mistel *Phoradendron leucarpum* einer anderen Gattung angehört. Beide bevorzugen Wirtsbäume aus der Familie der Rosengewächse (Rosaceae), darunter Weißdorn *(Crataegus)* und Apfel *(Malus)*, aber auch andere Arten wie Linde *(Tilia)*, Pappel *(Populus)* und Robinie *(Robinia)*. Die Mistel wurzelt unter der Rinde des Baums und entzieht ihm Wasser und Nährstoffe, aber im Gegensatz zu einem echten Parasiten betreibt sie in ihren grünen Blättern auch Photosynthese und gewinnt ihre eigene Energie. Darum benötigt sie einen sonnigen Platz im Baum.

Die Mistel ist zweihäusig: Die männlichen und weiblichen Blüten befinden sich auf separaten Pflanzen. Vögel fressen gern die Mistelfrüchte, scheiden die Samen aus und sorgen so für die Verbreitung. Für die Kultur benötigt man ebenfalls die Früchte. Wer keine Misteln in der Natur findet, kann sie in der Adventszeit im Blumenladen kaufen.

Die beste Zeit für die Aussaat ist Mitte bis Ende des Winters. Zerdrücken Sie die weißen, durchscheinenden Früchte mit den Fingern, um die Samen zu entnehmen, aber entfernen Sie die klebrige Substanz (Viscin) nicht vollständig, denn sie dient als natürliches Klebemittel. Drücken Sie die Samen auf die Rinde der jüngeren Äste des gesunden Wirtsbaums. Das Viscin bewirkt, dass sie dort festkleben und später keimen. Markieren Sie die Äste mit einem Band oder Etikett, damit Sie nicht vergessen, wo die Samen ausgebracht wurden. Dann brauchen Sie nur noch etwas Geduld.

Prüfen Sie im zeitigen Frühjahr, ob es Anzeichen für die Keimung gibt, zum Beispiel kleine blattlose Stängel, die dort aus der Rinde wachsen, wo Sie die Samen angebracht haben. Die Mistel wächst nur langsam. Es dauert vier bis fünf Jahre, bis sie sich etabliert hat, und noch etwas länger, bis Sie zu Weihnachten ernten können.

1 Frische Mistelfrüchte mit Samen im Inneren sammeln.
2 Am Wirtsbaum einen geeigneten Ast auswählen. Die Früchte zerdrücken und behutsam auf der Rinde des Asts verreiben.
3 Wenn die Samen keimen, beginnen die kleinen Misteln auf dem Ast zu wachsen.

A Auf dieser alten Linde *(Tilia)* wachsen mehrere Misteln.

# Urweltmammutbaum

*Metasequoia glyptostroboides*

Da der Urweltmammutbaum erst 1941 in Westchina entdeckt wurde, ist er noch relativ neu in der Welt des Gartenbaus. Dennoch ist er heute – zu Recht – einer der am häufigsten gepflanzten Bäume weltweit. Der attraktive sommergrüne Nadelbaum hat eine perfekte Pyramidenform. Seine feinen, lindgrünen Nadeln färben sich im Herbst kupferbraun, bevor sie abfallen. Der Stamm ist an der Basis verbreitert und geriffelt, die Rinde ist rotbraun und faserig.

**Familie:** Cupressaceae

**Höhe:** 25–30 m

**Breite:** 8 m

**Wuchsform:** pyramidenförmig

**Winterhart** bis –23 °C

**Standort:** volle Sonne

## STANDORT

Der Urweltmammutbaum gedeiht auf den meisten sauren oder alkalischen Böden, sofern sie gut durchlässig sind. Er eignet sich gut als Solitär im Rasen oder in einem Beet. Besonders schön wirkt es, wenn sich diese Bäume an hellen Herbst- und Wintertagen in einer Wasserfläche spiegeln.

## KULTUR

Kaufen Sie ruhig einen jungen Urweltmammutbaum, denn er wächst schnell, wenn er erst einmal in der Erde steht. Der Baum sollte im Container gezogen worden sein und tief ansetzende Äste haben. Bei Bedarf können Sie später die unteren Äste entfernen – aber bitte nicht zu hoch! – um die attraktive Rinde zur Geltung zu bringen.

## PFLEGETIPP

Ein aus Samen gezogener Urweltmammutbaum entwickelt mit zunehmender Reife einen geriffelten Stamm, während aus Stecklingen gezogene Exemplare meist glatte, ungeriffelte Stämme haben. Fragen Sie in der Baumschule nach, wie der Baum gezüchtet wurde.

### WEITERE INTERESSANTE ARTEN UND SORTEN

- Gold Rush ist die Gartenform der Art. Sie behält ihre Nadelfarbe den ganzen Sommer lang.
- *Taxodium distichum* (Sumpfzypresse) aus den USA ist eine sommergrüne Konifere mit unregelmäßiger Krone und schöner Herbstfärbung. Sie gedeiht auf allen Böden.

### NEUERUNGEN

Jahrelang war dieser Baum als Neuheit begehrt. 1994 entdeckte David Noble dann die Wollemie *(Wollemia nobilis)* in einer tiefen Schlucht in Australien. Seitdem ist diese der letzte Schrei bei Gartenfreunden.

# Schwarzer Maulbeerbaum

*Morus nigra*

Diesen mittelgroßen, langlebigen Baum haben wahrscheinlich die Römer im übrigen Europa verbreitet. Die Bäume wachsen knorrig und sehen vor allem im Alter oft sehr charaktervoll aus (siehe Seite 124). Die Rinde ist blassbraun und rau, die herzförmigen Blätter sind auf der Oberseite rau und auf der Unterseite flaumig behaart. Die säuerlichen, dunkelvioletten Früchte werden für Torten, Eis oder zum Aromatisieren von Gin verwendet.

**Familie:** Moraceae

**Höhe:** 8–12 m

**Breite:** 8–12 m

**Wuchsform:** rund oder ausladend

**Winterhart** bis –23 °C

**Standort:** volle Sonne oder Halbschatten

## STANDORT

Der Maulbeerbaum gedeiht in nährstoffreichen, tiefgründigen, feuchten, aber gut durchlässigen Böden. An den pH-Wert stellt er keine besonderen Ansprüche, er braucht aber viel Sonne, damit die Früchte reifen. Wenn der Baum sich einmal etabliert hat, wächst er schnell, er braucht also viel Platz.

## KULTUR

Schwarze Maulbeerbäume sind selbstfruchtbar und werden am besten als kleine, im Container gezogene Hochstämme oder als mehrstämmige Bäume gepflanzt. Sie lassen sich nur schwer in eine bestimmte Form bringen und jeder Baum entwickelt mit der Zeit seine individuelle Gestalt – gerade darin liegt der Reiz.

## PFLEGETIPP

Schneiden Sie diesen Baum während der Ruhezeit oder wenn er voll belaubt ist, da die Schnittwunden sonst bluten und einen klebrigen weißen Milchsaft absondern.

### SCHWARZ UND WEISS

Der Schwarze Maulbeerbaum wurde im 17. Jahrhundert nach Europa eingeführt, wo er als Nahrungsquelle für die Seidenraupe angepflanzt wurde. Der Versuch war jedoch nicht erfolgreich, da Seidenraupen die Weiße Maulbeere bevorzugen.

### WEITERE INTERESSANTE ARTEN UND SORTEN

- 'Chelsea' (Syn. 'King James') trägt große aromatische Früchte. Die Sorte trägt ihren Namen, da sie zuerst im Chelsea Physic Garden in London entdeckt wurde.
- 'Wellington' ist eine ertragreiche Sorte mit mittelgroßen, leckeren Früchten.
- *M. alba* (Weiße Maulbeere) wird wegen ihrer großen Blätter angebaut. Die Früchte sind weiß mit einem Hauch von Rosa und nicht so schmackhaft wie die des Schwarzen Maulbeerbaums.

# Wald-Tupelobaum

*Nyssa sylvatica*

Der Wald-Tupelobaum ist ein mittelgroßer Baum mit kleinen, glänzend grünen Blättern, die sich im Herbst leuchtend dunkelrot, orange und gelb färben (siehe Seite 50). Im Frühherbst erscheinen Gruppen von kleinen, fleischigen, schwarzblauen Früchten an langen Stielen. Der Baum wächst nur langsam an und muss häufig beschnitten werden, um eine schöne Form zu fördern und zu erhalten.

**Familie:** Nyssaceae

**Höhe:** 20–25 m

**Breite:** 6–9 m

**Wuchsform:** in der Jugend meist pyramidenförmig, im Alter rundlich

**Winterhart** bis –40 °C

**Standort:** volle Sonne oder Halbschatten

## STANDORT

Dieser Baum bevorzugt einen tiefgründigen, feuchten, sauren, lehmigen Boden. Er mag Standorte in Wassernähe, denn in seiner Heimat im Osten der USA wächst er häufig auf sumpfigem Boden. An einem sonnigen Herbsttag kommen seine Farben durch die Spiegelung im Wasser besonders schön zur Geltung.

**FEUERWERK**
Die Herbstfärbung dieses Baums, vor allem der Sorte 'Wisley Bonfire', entfaltet im Herbst ein wahres Feuerwerk im Garten.

## KULTUR

Der Wald-Tupelobaum verliert schon relativ früh seinen dominanten Leittrieb und bildet dadurch eine buschige Form. Um eine schöne Gestalt zu erhalten, sollten Sie frühzeitig mit dem formgebenden Schnitt beginnen (siehe Seite 42).

## PFLEGETIPP

Am besten einen jungen, im Container gezogenen Baum kaufen, da der Wald-Tupelobaum eine lange Pfahlwurzel hat und sich nicht gut verpflanzen lässt. Daher haben ihn nur wenige Baumschulen im Sortiment. Nach der Pflanzung besonders gewissenhaft wässern, bis er sich etabliert hat.

### WEITERE INTERESSANTE ARTEN UND SORTEN

- 'Sheffield Park' ist ein Klon, der aus Bäumen selektiert wurde, die am See von Sheffield Park, Großbritannien, wachsen.
- 'Wildfire' treibt orangerot bis rot aus. Im Herbst nimmt das Laub ein flammendes Rot an.
- 'Wisley Bonfire' hat in jungen Jahren eine etwas breitere Krone und bietet eine tolle Herbstfärbung.
- *N. sinensis* (Chinesischer Tupelobaum) wird bis zu 10 m hoch und breit, meist hat er mehrere Stämme. Die Wuchsform ist schöner als bei *N. sylvatica.* Alte Bäume haben eine wunderbare Herbstfärbung. 'Jim Russell' ist eine empfehlenswerte Sorte.

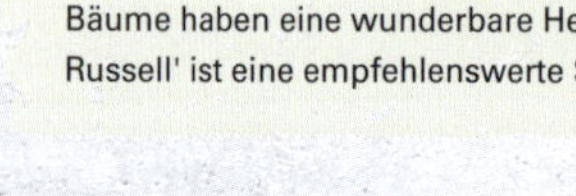

# Olivenbaum

*Olea europaea*, auch Ölbaum

Olivenbäume sind kleine immergrüne Bäume mit kleinen, graugrünen, ledrigen Blättern und winzigen, duftenden, weißen Blüten im Sommer. Sie sind sehr langlebig: Einige der ältesten Bäume sind 2000 Jahre alt. Früher pflanzte man alte, knorrige Exemplare aus einem Olivenbaumhain in die Gärten, um ihnen mediterranen Charakter zu verleihen. Inzwischen nehmen Gärtner und Landschaftsgestalter davon Abstand, um keine Krankheiten wie Xylella (siehe Seite 136) einzuschleppen.

**Familie:** Oleaceae

**Höhe:** 4–8 m

**Breite:** 2–3 m

**Wuchsform:** vasenförmig oder rundlich

**Winterhart** bis –12 °C

**Standort:** volle Sonne

## STANDORT

Noch immer geht das Gerücht, dass Pflanzen aus dem Mittelmeerraum kälteempfindlich sind. Ein Olivenbaum verträgt jedoch Temperaturen bis –10 °C, sofern er in voller Sonne steht und nicht über längere Zeit niedrigen Temperaturen ausgesetzt ist. Im Garten brauchen Olivenbäume einen tiefgründigen, fruchtbaren, gut durchlässigen Boden. Für die Haltung im Kübel verwenden Sie Universalsubstrat und geben eine dicke Drainageschicht auf den Kübelboden (siehe Seite 88).

## KULTUR

Die meisten Olivenbäume werden als Halbstamm in der klassischen toskanischen Form (Stammhöhe ca. 1 m) oder als Hochstamm (Stammhöhe 1,5–1,8 m) gezogen. Sie können auch mehrstämmig wachsen (siehe Seite 66) und als Formgehölz (siehe Seite 110) gezogen werden.

## PFLEGETIPP

Wenn Sie Olivenbäume nicht nur als Zierpflanze, sondern auch als Nutzpflanze anbauen wollen, müssen Sie eine Bestäubersorte wie 'Pendolino' oder 'Maurino' in den Garten pflanzen, da sich nicht alle Olivenbäume selbst befruchten.

### INTERESSANTE SORTEN

- 'Frantoio' (Selbstbestäuber) ist eine Sorte aus der Toskana, die meist als Zierbaum gepflanzt wird, aber auch gute Erträge bringen kann.
- 'Leccino' (Selbstbestäuber) stammt ebenfalls aus der Toskana. Aus den schwarzen Oliven wird hochwertiges Öl gepresst.

### OLIVENZWEIG

Eine Taube mit einem Olivenzweig im Schnabel galt schon im 5. Jahrhundert als christliches Friedenssymbol. Im 18. Jahrhundert wurde das Symbol wieder aufgegriffen.

# Ein Kugelhochstämmchen ziehen

Als Formschnitt bezeichnet man die Kunst, Pflanzen – normalerweise immergrüne – in eine dekorative Form zu bringen. Es kann mehrere Jahre dauern, bis die gewünschte Form erreicht ist, und danach muss die Pflanze regelmäßig beschnitten werden, um die Form zu erhalten oder weiter zu verbessern. Es gibt verschiedene immergrüne Gehölze, die sich für Formschnitt eignen, darunter Eibe *(Taxus baccata)*, Buchsbaum *(Buxus* sempervirens), Lorbeer *(Laurus nobilis)*, Stechpalme *(Ilex crenata)* und Liguster *(Ligustrum delavayanum)*. Laubbäume, die sich ebenfalls gut formen lassen, sind Buche *(Fagus sylvatica)*, Feldahorn *(Acer campestre)* und Hainbuche *(Carpinus betulus)*.

Übliche Schnittformen sind Kugeln, Würfel, Pyramiden, Spiralen, Kugelhochstämmchen sowie Pom-Pom- oder Wolkenbäume. Sie alle kann man in verschiedenen Größen in Gartencentern oder online kaufen. Es macht aber auch Spaß, selbst eine Pflanze in Form zu bringen, und man spart dabei eine Menge Geld.

Sie benötigen eine junge Pflanze, die sich zum Beschneiden und Erziehen eignet. Pflanzen Sie sie entweder an ihren endgültigen Standort im Garten oder in einen Kübel (siehe Seite 88), den Sie vorerst in den Garten stellen. Versorgen Sie die Pflanze mit einem ausgewogenen Dünger, um ein kräftiges Wachstum anzuregen.

Wenn Sie sich für eine Form entschieden haben, können Sie mit der Erziehung beginnen. Hier wird ein Lorbeer zum Kugelhochstämmchen geschnitten. Wählen Sie einen einzelnen Stamm aus und entfernen Sie von diesem alle Blätter und Seitentriebe bis zur gewünschten Höhe. Dann beginnen Sie damit, den Wuchs oberhalb des Stamms in Kugelform zu schneiden. Die Regel «zweimal messen, einmal schneiden» gilt auch hier. Nur so werden Sie mit der Zeit eine saubere und ausgewogene Form erhalten.

Den Schnitt sollten Sie über mehrere Jahre hinweg durchführen, um eine dichte Kugel mit dem gewünschten Durchmesser zu erhalten. Das erfordert etwas Geduld. Wer erfolgreich ein Kugelhochstämmchen erzogen hat, kann sich auch an kompliziertere Formen wie eine Spirale oder einen Pfau wagen.

1. Kaufen Sie eine junge, gesunde Pflanze (hier Lorbeer), die Sie in einen Container pflanzen können.
2. Wählen Sie einen kräftigen Stamm und schneiden Sie alle Blätter oder kleinen Seitentriebe ab.
3. Sobald die gewünschte Höhe erreicht ist, schneiden Sie die Krone zur Kugel.
4. Schneiden Sie die Form regelmäßig nach, damit sie immer akkurat aussieht. Das Foto zeigt Lorbeer in verschiedenen Formen: (von links nach rechts) ein Kegel, ein niedriger und ein hoher Kugelhochstamm.

# Mahagoni-Kirsche

*Prunus serrula*

Dieser in Westchina heimische Baum gilt als eine der schönsten Zierkirschen, im Gegensatz zu anderen Arten aber weniger wegen der Blüten, als vielmehr wegen seiner attraktiven Rinde: Schon bei jungen Bäumen ist sie mahagoni- bis kupferfarben und glänzend, sodass sie an ein antikes poliertes Möbelstück denken lässt. Die Blüten erscheinen im Frühjahr und sind klein und weiß. Die Blätter sind klein, das Blätterdach wirft also nur wenig Schatten, hat aber eine schöne Herbstfärbung (siehe Seite 50).

**Familie:** Rosaceae

**Höhe:** 6–10 m

**Breite:** 5 m

**Wuchsform:** vasenförmig

**Winterhart** bis –23 °C

**Standort:** volle Sonne

## STANDORT

Die Mahagoni-Kirsche toleriert jeden tiefgründigen, fruchtbaren, feuchten, aber gut durchlässigen Boden an einem sonnigen Platz. Sie eignet sich hervorragend als Solitär in einem Gehölz- oder Staudenbeet, wo die ungewöhnliche Rinde im Sonnenlicht glänzt.

## KULTUR

Dieser Baum ist in Baumschulen als Hochstamm oder mehrstämmige Pflanze in verschiedenen Größen, als Containerpflanze oder mit Wurzelballen erhältlich. Beim Pflanzen sollten Sie auf Pfähle verzichten, da diese die Rinde des Stamms verletzen können.

## PFLEGETIPP

Die Mahagoni-Kirsche bildet am Hauptstamm kleine Seitentriebe aus, die – wenn sie zu spät entfernt werden – die Wirkung der Rinde beeinträchtigen. Sie sollten möglichst bald nach ihrem Auftreten mit dem Daumen abgerubbelt oder mit einer Gartenschere abgeschnitten werden (siehe Seite 39).

### WEITERE INTERESSANTE ART

- *P. maackii* (Amur-Kirsche) ist ein mittelgroßer Baum von 8–12 m Höhe mit attraktiver Rinde. Die Sorte 'Amber Beauty' bezaubert durch ihre abschilfernde, goldgelb glänzende Rinde.

### PFLANZENJÄGER

Die Mahagoni-Kirsche wurde 1908 von Ernest Henry Wilson, der für die Royal Botanic Gardens (Kew, Großbritannien) und das Arnold Arboretum (Boston, Massachusetts, USA) Pflanzen sammelte, aus dem westlichen Szechuan eingeführt.

# Yoshino-Kirsche

*Prunus × yedoensis*

Eine der blühfreudigsten Zierkirschen ist die Yoshino-Kirsche, die 1907 aus Japan in den Westen eingeführt wurde. Sie trägt vom zeitigen bis zum späten Frühjahr außergewöhnlich viele Blüten, die kaum Platz für die Blätter lassen. In den ersten Jahren wächst sie vasenförmig, dann wird ihre Krone allmählich breiter als hoch. Nach den rosa überhauchten Blüten erscheinen die dunkelgrünen Blätter, die sich im Herbst gelb färben.

**Familie:** Rosaceae

**Höhe:** 5 m

**Breite:** 5 m

**Wuchsform:** in der Jugend vasenförmig, später ausladend oder überhängend

**Winterhart** bis –23 °C

**Standort:** volle Sonne

## STANDORT

Diese Kirsche toleriert die meisten Bodenarten, auch Kalk und Lehm, verträgt aber keine flachen oder staunassen Böden. Für eine optimale Blüte und Herbstfärbung sollte sie in voller Sonne auf gut durchlässigem Boden stehen.

## KULTUR

Auch in vielen kleinen Gärten findet die Yoshino-Kirsche als Einzelpflanze oder als Gruppe ihren Platz, denn es gibt sie in verschiedenen Wuchsformen und Größen. Junge, veredelte Bäume werden als Containerware und auch wurzelnackt angeboten.

## PFLEGETIPP

Schneiden Sie Kirschbäume immer im Früh- oder Hochsommer, um eine Infektion mit Bleiglanz oder Baumkrebs (siehe Seite 133) zu vermeiden. Diese Krankheiten sind vor allem in den Wintermonaten infektiös und dringen durch Schnittwunden in die Pflanzen ein.

### WEITERE INTERESSANTE ARTEN

- *P. sargentii* blüht im zeitigen Frühjahr vor dem Laubaustrieb und entwickelt schon sehr früh ihre Herbstfärbung (siehe Seite 78).
- *P. × subhirtella* 'Autumnalis' (Frühjahrs- oder Higan-Kirsche) trägt vom Herbst bis zum Frühjahr kleine, halb gefüllte weiße Blüten.

### HANAMI

Hanami ist die japanische Tradition, Blüten – vor allem die Kirschblüte (Sakura) – zu betrachten. Japaner praktizieren *hanami* oft, indem sie tagsüber oder nachts unter den Kronen der blühenden Kirschbäume picknicken.

# Weidenblättrige Birne

*Pyrus salicifolia*

Die Weidenblättrige Birne stammt aus dem Nahen Osten. Sie bildet eine buschige Krone. Die silbrig-grünen, langen, spitz zulaufenden Blätter hängen herab wie die einer Weide *(Salix)*. Die schneeweißen Blüten wirken mit ihren dunklen Staubbeuteln wie schwarz gepunktet. Sie erscheinen im Frühjahr. Die kleinen Früchte sind hart, sauer und ungenießbar.

**Familie:** Rosaceae

**Höhe:** 12 m

**Breite:** 6 m

**Wuchsform:** buschig oder überhängend

**Winterhart** bis –35 °C

**Standort:** volle Sonne

## STANDORT

Dieser Baum gedeiht auf allen Böden, sofern sie feucht, aber gut durchlässig sind. Er eignet sich gut als Zierpflanze für einen formalen Garten oder ein Beet. Vor einer immergrünen Sichtschutzhecke kommt das silbrige Laub besonders gut zur Geltung.

**STADTTAUGLICH**

Die Weidenblättrige Birne ist trockenheitstolerant und hitzeverträglich. Sie gedeiht daher auch im großen Kübel auf der Dachterrasse und dem Balkon.

## KULTUR

Kaufen Sie einen Baum mit einer Höhe von 1,5 m oder weniger, da größere junge Bäume schnell kopflastig werden, schief wachsen oder umkippen können. Wenn Sie einen kleinen Baum pflanzen, kann das Wurzelsystem mit dem Wachstum des Baumes Schritt halten und ihn besser tragen.

## PFLEGETIPP

Die Krone kann durch nach innen wachsende Zweige sehr dicht werden, lässt sich aber nur schwer auslichten. Behandeln Sie die Weidenblättrige Birne wie ein Formschnittobjekt und schneiden Sie die Zweigspitzen regelmäßig zurück, um den Wuchs in Schach zu halten.

**WEITERE INTERESSANTE ARTEN UND SORTEN**

- 'Pendula' ist eine Sorte mit Trauerwuchs, einer sehr dichten Krone und silbrigem Laub.
- *P. calleryana* 'Chanticleer' hat eine schmalere Krone mit massenhaft weißen Blüten und einer feurig orangeroten Herbstfärbung.

# Scharlach-Eiche

*Quercus coccinea*

Auf der nördlichen Halbkugel gibt es über 500 Eichenarten, von kleinen Bäumen mit strauchartigem Wuchs bis zu sehr großen, weit ausladenden Eichen, die ein hohes Alter erreichen (siehe Seite 124). Die Scharlach-Eiche ist in den östlichen USA von Maine bis Florida verbreitet. Sie bildet einen großen Schattenbaum mit tief und unregelmäßig gebuchteten Blättern mit zahlreichen Spitzen. Sie sind im Sommer glänzend dunkelgrün und färben sich im Herbst leuchtend scharlachrot (siehe Seite 50). Einige abgestorbene Blätter hängen bis weit in den Winter hinein am Baum.

**Familie:** Fagaceae

**Höhe:** 20–25 m

**Breite:** 20 m

**Wuchsform:** rundlich oder offen

**Winterhart** bis –29 °C

**Standort:** volle Sonne

## STANDORT

Die Scharlach-Eiche braucht viel Platz, um sich voll entfalten zu können und ist nichts für den kleinen Garten. Sie bevorzugt tiefgründige, fruchtbare, gut durchlässige, neutrale bis saure Böden und verträgt im Gegensatz zur Stiel-Eiche *(Q. robur)* keine alkalischen Bedingungen.

## KULTUR

Die meisten Eichenarten, darunter auch die Scharlach-Eiche, können als kleine wurzelnackte Pflänzchen oder als halbreife Exemplare in den Garten oder einen Kübel gepflanzt werden. Einige Arten und Sorten lassen sich aufgrund ihrer Pfahlwurzeln nur schlecht verpflanzen. Lassen Sie sich bei der Auswahl in einer qualifizierten Baumschule beraten. Um einen Baum aus Samen zu ziehen, siehe Seite 58.

## PFLEGETIPP

Die Scharlach-Eiche ist ein großer Schattenbaum, der einstämmig gezogen werden sollte, damit sich die Baumkrone und die weit ausladenden Äste natürlich entwickeln können.

### WEITERE INTERESSANTE ARTEN UND SORTEN

- 'Splendens' ist noch schöner als die Art und färbt sich im Herbst scharlach- und karminrot.
- *Q. palustris* (Sumpf-Eiche) wächst schnell, hat eine offene bis ausladende Krone und lässt sich sehr gut verpflanzen. 'Green Pillar' ist eine säulenförmige Sorte dieser Art.
- *Q. rubra* (Rot-Eiche) wird bis 30 m hoch und hat eine ausladende Krone. Die großen Blätter färben sich im Herbst rot bis braun, bevor sie abfallen.

### INDIAN SUMMER

Die Scharlach-Eiche wächst wild in den Appalachen in den USA. Wer sie in den Garten pflanzt, kann daheim etwas Indian Summer genießen.

# Höhenmessung und Altersschätzung

Der höchste Baum der Welt wurde 2006 entdeckt. Es ist ein Küstenmammutbaum *(Sequoia sempervirens)* an einem geheimen Ort im Redwood National and State Park. Er heißt Hyperion, ist schätzungsweise 600 bis 800 Jahre alt und misst genau 115,55 m in der Höhe. Um die exakte Höhe zu ermitteln, klettern erfahrene Baumpfleger auf diese Bäume und lassen ein Maßband von der Spitze bis zum Boden fallen. Die Suche nach solchen Bäumen ist spannend und aufgrund der oft schwierigen Bedingungen in den Waldgebieten eine Herausforderung für die Baumvermesser. Selbstverständlich wird weiterhin nach einem Baum gesucht, der noch höher ist als Hyperion.

Es ist gefährlich und meist verboten, in einem öffentlichen Park auf einen hohen Baum zu klettern, aber es macht Spaß, die Höhe von Bäumen zuerst zu schätzen und dann genauer zu überprüfen. Dazu gibt es mehrere Methoden. Eine davon ist ein Neigungsmesser, ein optisches Gerät zur Messung von Höhenwinkeln über der Horizontalen. Aber es geht auch ohne.

Für eine einfache Methode brauchen Sie nur ein Blatt Papier und Grundkenntnisse der Trigonometrie. Falten Sie ein Stück quadratisches Papier diagonal. Sie erhalten ein Dreieck mit einem 90-Grad-Winkel und zwei 45-Grad-Winkeln. Halten Sie eine 45-Grad-Ecke vor ein Auge, wobei der 90-Grad-Winkel direkt gegenüber liegt, und fixieren Sie mit dem Auge die längste Seite (die Hypotenuse) des Dreiecks. Bewegen Sie sich rückwärts vom Baum weg, bis Sie die Baumkrone sehen können, und schauen Sie weiter entlang der langen Seite des Dreiecks, bis seine Spitze auf Höhe des Baumwipfels liegt. Markieren Sie diese Stelle auf dem Boden und messen Sie den Abstand zur Basis des Baumes. Dieser Abstand entspricht fast der vollen Höhe des Baumes. Addieren Sie Ihre Körpergröße zum ermittelten Maß, und Sie haben die Höhe des Baumes.

Um das ungefähre Alter eines Baumes zu bestimmen, legen Sie ein Maßband etwa in Brusthöhe (1,3 m über dem Boden) um den Stamm. Jeweils 2,5 cm Umfang entsprechen einem Jahr, die Abweichung liegt bei etwa 10 Prozent.

1

2

3

4

1 Ein quadratisches Blatt Papier diagonal zum Dreieck falten.
2 Das Dreieck so halten, dass die lange Seite schräg nach oben verläuft.
3 Rückwärts gehen, bis die Spitze des Dreiecks auf Höhe des Baumwipfels liegt (hier eine Eiche/ *Quercus*).
4 Den Standort am Boden markieren und von dort die Entfernung zum Baum messen. Die eigene Körpergröße hinzuaddieren.

A Um das Alter eines Baums zu bestimmen, misst man seinen Umfang in 1,3 m Höhe.

A

# Echte Mehlbeere

*Sorbus aria*

Diese kleinen bis mittelgroßen Bäume haben einen kompakten Wuchs. Die jungen Blätter treiben silbrig aus und färben sich im Sommer grün. Aus den Büscheln cremeweißer Blüten entwickeln sich im Herbst orangerote Früchte.

**Familie:** Rosaceae

**Höhe:** 8–12 m

**Breite:** 4–8 m

**Wuchsform:** säulenförmig oder rundlich

**Winterhart** bis –29 °C

**Standort:** volle Sonne

## STANDORT

In seiner natürlichen Umgebung wächst dieser Baum auf kalkhaltigen Böden im Flachland und in Regionen mit Kalksteinfelsen. Er benötigt einen sehr durchlässigen, alkalischen Boden. Mit seinem silbrigen Laub ist er ein idealer Solitärbaum für einen kleinen bis mittelgroßen Garten. Er verträgt auch windige Bedingungen an der Küste.

## KULTUR

Die Echte Mehlbeere wächst als Hochstamm und lässt sich gut verpflanzen. Junge Bäume haben eine sehr dünne Rinde, die sich leicht durchscheuert. Wenn Sie also mit einem Pfahl stützen, verwenden Sie einen hochwertigen Baumbinder mit Polsterung, um Reibung zu vermeiden.

## PFLEGETIPP

Obwohl der Baum so zierlich ist, sind die Astansätze der Mehlbeere sehr stark und ihr Holz ist ausgesprochen hart. Verwenden Sie daher anstelle einer Gartenschere eine scharfe, fein gezahnte Baumsäge von guter Qualität.

*Sorbus aria*

**WINTERSTEHER**
Die Früchte schmücken den Baum bis in den Winter hinein, schmecken aber langweilig. Nach dem Krieg wurden sie als Notnahrung gemahlen und unter das Mehl gemischt.

Sorbus alnifolia

Sorbus alnifolia

Sorbus intermedia

**WEITERE INTERESSANTE ARTEN UND SORTEN**

- 'Lutescens' hat rundliche Blätter, die auf beiden Seiten von silbrigen Härchen bedeckt sind.
- 'Magnifica' ist ein säulenförmiger Baum mit großen, glänzenden Blättern, cremeweißen Blüten und roten Früchten.
- 'Majestica' ist eine langsam wachsende Mehlbeere. Ihre Blätter sind größer als die der Art.
- *S. alnifolia* (Erlenblättrige Mehlbeere) ist ein mittelgroßer Baum mit erlenähnlichen Blättern, weißen Blüten und langlebigen, kleinen roten Früchten.
- *S. intermedia* (Schwedische Mehlbeere) entwickelt eine ausladende, dunkelgrüne Krone. Sie hat dunkelgrüne gelappte Blätter, weiße Blüten und rote Früchte.
- *S. tibetica* 'John Mitchell' ist ein säulenförmiger Baum mit ovaler Krone und großen Blättern mit silbriger Unterseite.

# Vogelbeere

*Sorbus aucuparia*

Die Vogelbeere ist ein beliebter Baum für kleine Gärten. Sie hat gefiederte Blätter, die eine schöne Herbstfärbung entwickeln (siehe Seite 50), und Büschel cremeweißer Blüten, gefolgt von orangeroten Beeren im Herbst. Durch die reiche Blüte im Frühjahr und die vielen Beeren ist die Vogelbeere eine nützliche Nahrungsquelle für Stand- und Zugvögel, Insekten und Bienen.

## STANDORT

Vogelbeeren wachsen auf gut durchlässigen, sauren bis neutralen Böden. Da die Bäume recht klein bleiben, eignen sie sich hervorragend als Solitärbäume für den Garten.

## KULTUR

Diese Bäume sind mehrstämmig und als Hochstämme verschiedenen Alters erhältlich. Die Wahl hängt davon ab, was Sie ausgeben wollen und wie lange Sie warten möchten, bis der Baum ausgewachsen ist. Bei Sorten, die auf eine Unterlage gepfropft sind, sollten Sie Wildtriebe aus der Veredelungsunterlage entfernen, sobald sie erscheinen (siehe Seite 43).

## PFLEGETIPP

Vogelbeeren sind anfällig für den Feuerbrand, der im späten Frühjahr bis zum Sommer durch das Bakterium *Erwinia amylovora* verursacht wird (siehe Seite 135) und letztlich zum Absterben des Baums führen kann. Um das Risiko einer Infektion zu minimieren, ist es wichtig, die Schnittwerkzeuge nach jedem Schnitt zu desinfizieren, um die Krankheit nicht von Ast zu Ast oder von Baum zu Baum zu übertragen.

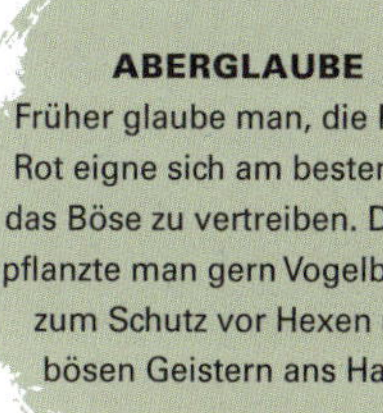

**ABERGLAUBE**

Früher glaube man, die Farbe Rot eigne sich am besten, um das Böse zu vertreiben. Darum pflanzte man gern Vogelbeeren zum Schutz vor Hexen und bösen Geistern ans Haus.

## WEITERE INTERESSANTE ARTEN UND SORTEN

Es gibt sehr viele verschiedene Arten und Zuchtformen. Hier ist nur eine kleine Auswahl aufgeführt.

- 'Aspleniifolia' hat fein geschnittene, farnartige Blätter, die eine schöne Herbstfärbung entwickeln, und trägt orangerote Früchte.
- 'Sheerwater Seedling' ist ein schnell wachsender, säulenförmiger Baum mit großen Büscheln orangeroter Früchten.
- *S. cashmiriana* stammt aus Kaschmir und hat rosafarbene Blüten, gefolgt von Büscheln perlweißer Beeren.
- *S.* 'Chinese Lace' ist ein kleiner Baum mit säulenförmigem Wuchs und tief eingeschnittenen Blättern, die spitz zulaufen.
- *S. commixta* 'Embley' ist ein kleiner Baum mit säulenförmiger Wuchsform, feuerroter Herbstfärbung und massenweise orangeroten Beeren.
- *S.* 'Joseph Rock' ist ein hübscher kleiner Baum mit säulenförmiger Wuchsform und blassgelben Früchten.
- *S. pseudohupehensis* 'Pink Pagoda' ist eine bezaubernde Vogelbeere mit bläulichen Blättern und rosa Früchten.
- *S. ulleungensis* hat einen säulenförmigen Wuchs, cremeweiße Blüten, feuriges Herbstlaub und orangefarbene Beeren (siehe Seite 78).
- *S. vilmorinii* ist ein sehr pflegeleichter Baum für den kleinen Garten, mit zartem Laub und kleinen Beeren in verschiedenen Schattierungen von dunkelrot bis rosa-weiß.

# Europäische Eibe

*Taxus baccata*

Diesen mittelgroßen, langlebigen, immergrünen Nadelbaum bringen viele Menschen mit Friedhöfen, Druiden und dem Christentum in Verbindung. Er ist der älteste Baum in Europa (siehe Seite 124). Eine dünne, rotbraune Rinde bedeckt den Hauptstamm und die Äste, die aufrecht oder waagerecht stehen können. Holz, Rinde, Nadeln und Samen sind giftig. Der leuchtend rote, beerenartige Samenmantel, Arillus genannt, ist hingegen ungiftig.

**Familie:** Taxaceae

**Höhe:** 3–8 m

**Breite:** 3–8 m

**Wuchsform:** rundlich

**Winterhart** bis –23 °C

**Standort:** volle Sonne oder Halbschatten

## STANDORT

Die Eibe toleriert die meisten Böden – alkalisch oder sauer –, sofern sie gut durchlässig sind. Bei Staunässe kann es zu Wurzelfäule kommen, verursacht von dem Pilz *Phytophthora* (siehe Seite 135). Die Eibe kann als Einzelbaum in den Garten gepflanzt werden, eignet sich aber auch gut als Sichtschutz, Hecke oder Formgehölz, da sie durch regelmäßigen Rückschnitt sehr dicht wird (siehe Seite 110).

## KULTUR

Eiben kann man in vielen Größen kaufen, von wurzelnackten Jungpflanzen bis zu größeren Bäumen im Container. Manche Baumschulen bieten auch vorgezogene «Fertighecken» in Trögen an.

## PFLEGETIPP

Da Eiben Staunässe und schlechte Drainage nicht vertragen, sollten Sie die Bäume nicht zu tief pflanzen. Vor allem auf Lehmboden sollten Sie etwas höher als das umgebende Bodenniveau stehen.

**WEITERE INTERESSANTE ARTEN UND SORTEN**

- 'Fastigiata' hat einen schlanken, säulenförmigen Wuchs und braucht keinen Rückschnitt. Sie hat eine formale Ausstrahlung.
- *T. brevifolia* (Pazifische Eibe) stammt aus dem nordwestlichen Nordamerika, wo sie bis 15 m hoch wird.

**EHRWÜRDIGE EIBE**

Die älteste Eibe Deutschlands steht im Allgäu oberhalb von Balderschwang. Eine Jahresringanalyse kann nicht durchgeführt werden, da Teile des Stammes fehlen. Vorsichtige Schätzungen gehen von 800 bis 1500 Jahren aus.

# Riesen-Lebensbaum

*Thuja plicata*

Der Riesen-Lebensbaum ist ein langlebiger, schnellwüchsiger, sehr großer Baum, der in seiner Heimat an der Westküste Nordamerikas eine Höhe von 70 m erreicht, in Kultur jedoch deutlich kleiner bleibt. Das Laub besteht aus glänzend grünen, schuppenartigen, traubigen Trieben, die sich im Winter bronzefarben verfärben und im Sommer wieder grün werden. Beim Schneiden oder Zerkleinern riecht das Grün nach frischer Ananas.

**Familie:** Cupressaceae

**Höhe:** bis 35 m

**Breite:** bis 9 m

**Wuchsform:** pyramidenförmig

**Winterhart** bis −29 °C

**Standort:** volle Sonne oder Halbschatten

## STANDORT

Dieser Baum gedeiht in jedem feuchten oder nassen, aber durchlässigen Boden. Wenn er in einem Garten oder Park in offener Lage steht, bleiben seine bodennahen Äste viele Jahre lang grün. Der Riesen-Lebensbaum ist aber auch sehr schnittverträglich und eignet sich darum gut für dichte Sichtschutzhecken oder Formschnitt.

**ARBORVITAE**

*Thuja plicata* wird oft mit der Zeder *(Cedrus)* verwechselt, tatsächlich ist sie aber ein «Arborvitae» oder Lebensbaum.

## KULTUR

Wer einen Solitärbaum pflanzen will, kann ein wurzelnacktes Exemplar oder einen im Container gezogenen Baum kaufen. Für eine Hecke empfehlen sich jüngere, wurzelnackte Pflanzen. Mit dem Formschnitt das erste Jahr abwarten, dann aber schneiden, bevor die Triebe zu lang werden. Wichtig ist, nicht zu tief ins Holz zurückzuschneiden.

## PFLEGETIPP

Für eine dichte, kompakte Hecke sollten Sie zwei bis drei Pflanzen pro Längenmeter rechnen.

**WEITERE INTERESSANTE ARTEN UND SORTEN**

- 'Atrovirens' eignet sich wegen des dichten Laubs besonders gut als Heckenpflanze.
- *T. occidentalis* (Abendländischer Lebensbaum) wird gern als Sichtschutz oder Hecke gepflanzt. Von dieser Art gibt es über 300 Sorten in verschiedenen Farben, Formen und Größen.

# Baumveteranen

Es ist ausgesprochen interessant, einen uralten Baumveteranen zu betrachten und sich vorzustellen, was er in seinem langen Leben schon alles gesehen hat. Baumveteranen findet man an den unterschiedlichsten Orten, zum Beispiel in Parkanlagen, auf öffentlichen Flächen, in alten Wäldern und auf Friedhöfen. Aber was ist ein Baumveteran? Nicht jeder Baumveteran ist uralt, aber jeder uralte Baum ist zweifellos ein Veteran. Der Begriff ist schwer zu definieren. In jedem Fall ist ein Baumveteran ein voll ausgereiftes Exemplar, das im Vergleich zu anderen Bäumen derselben Art alt ist. Solche Baumveteranen sind biologisch und ästhetisch interessant, viele sind aufgrund ihres Alters auch kulturell oder historisch von Bedeutung.

Baumveteranen haben oft ein sehr markantes Aussehen. Sie sind knorrig, können durch Fäulnis ausgehöhlt sein oder tragen Pilzfruchtkörper am Stamm. Alte Kopfbäume zeigen oft Krüppelwuchs. Allein durch seine Größe ist ein Baumveteran als Lebensraum für seltene Pilze, Wirbellose, Flechten, Vögel und Fledermäuse von ökologischer Bedeutung.

Wer einen Baumveteran besuchen möchte, kann sich vorher im Internet informieren. Auf Wikipedia sind relativ detaillierte Listen der Bäume zu finden, die zum Naturdenkmal erklärt wurden. Weitere Informationen geben beispielsweise die folgenden Websites:
www.baumkunde.de/baumregister
www.arborica.de
www.wsl.ch
www.sac-cas.ch
www.allgaeu.de/achtsamkeit-baumveteranen-von-steibis

Es gibt natürlich auch Bücher zu Baumveteranen. Ein Buch mit Wanderrouten zu eindrucksvollen Bäumen in der Schweiz ist *Baumwanderungen – 30 Routen zu den eindrücklichsten Bäumen der Schweiz* von Daniel Roth, erschienen 2021 im Haupt Verlag.

**DIE CROWHURST-EIBE**

Diese Eibe *(Taxus baccata)*, die auf dem Kirchhof der St. George's Church in Crowhurst (Surrey, Großbritannien) wächst, ist schätzungsweise 4000 Jahre alt. Sie könnte viele Geschichten erzählen. Im 19. Jahrhundert wurde in den hohlen Stamm der Crowhurst-Eibe eine Laube mit Tisch und Stühlen eingebaut, die man durch eine kleine Tür an der Seite des Stammes betreten konnte. Damals entdeckte man eine in den Stamm eingewachsene Kanonenkugel, die aus dem englischen Bürgerkrieg im 17. Jahrhundert stammt.

Heute ist der Baum ein Naturdenkmal. Wer alte Bäume besucht, sollte sie mit Respekt behandeln, denn sie sind empfindlich und leiden, wenn der Wurzelbereich durch Betreten stark verdichtet wird. Nehmen Sie nichts mit – außer Fotos.

A Die «Royal Oak» *(Quercus robur)* im Richmond-Park am Stadtrand von London soll mehr als 750 Jahre alt sein.

B «Big Lonely Doug» ist eine Douglasie *(Pseudotsuga menziesii)*, deren Alter auf 750–1200 Jahre geschätzt wird. Sie wächst bei Port Renfrew auf Vancouver Island (Kanada).

C Die «Granny Scots Pine» *(Pinus sylvestris)* im Caledonian Forest (Schottland) ist über 300 Jahre alt.

D Im Jack London State Historic Park in Kalifornien (USA) steht eine Kalifornische Stein-Eiche *(Quercus agrifolia)*, die vermutlich über 200 Jahre alt ist. Es ist ein stattlicher immergrüner Baum.

A

B

C

D

# Winter-Linde

*Tilia cordata*

Die Winter-Linde ist ein kleiner bis mittelgroßer Baum mit hellgrünen, herzförmigen Blättern. Sie ist nicht anfällig für Blattläuse, sodass sich kein Honigtau absetzen kann. Im Hochsommer dienen ihre kleinen, süß duftenden Blüten, die an grünen Hochblättern hängen, als wertvolle Bienenweide. Bei der Fruchtbildung bleiben die Hochblätter erhalten und fungieren bei der Verbreitung der Samen als kleine Fallschirme. Die Winter-Linde ist ein geeigneter Wirtsbaum für Misteln (siehe Seite 104).

**Familie:** Malvaceae

**Höhe:** 17–25 m

**Breite:** 10 m

**Wuchsform:** in der Jugend pyramidenförmig, später rundlich

**Winterhart** bis –35 °C

**Standort:** volle Sonne

## STANDORT

Alle Linden mögen tiefgründige, fruchtbare, feuchte, aber gut durchlässige, neutrale bis alkalische Böden. Sie tolerieren keine Staunässe. Sie mögen volle Sonne und vertragen auch Sommerhitze, wenn sie ausreichend Wasser bekommen. Die Winter-Linde eignet sich gut als Alleebaum, da auch aus Samen vermehrte Exemplare im Allgemeinen eine einheitliche Wuchsform haben.

**TEE AM ABEND**

Lindenblütentee wird aus den nektarreichen Blüten der Winter-Linde zubereitet. Er schmeckt süß, wirkt beruhigend und erleichtert das Einschlafen.

## KULTUR

Linden werden in vielen Größen als Freiland- und Containerware angeboten und selbst größere Exemplare lassen sich gut verpflanzen. Wegen ihrer ausgewogenen, symmetrischen Krone eignet sich die Winter-Linde sehr gut als Solitärbaum, aber auch zur Bepflanzung von Alleen. Manche Baumschulen bieten auch Pflanzen an, die bereits als Hochstammhecke (siehe Seite 43) vorgezogen sind.

## PFLEGETIPP

Wählen Sie in der Baumschule einen jungen Baum mit gesunden kräftigen Trieben und ohne Algen- oder Moosbewuchs. Ein solcher Bewuchs lässt vermuten, dass der junge Baum nicht sonderlich widerstandsfähig ist. Da der Bewuchs den Baum stresst, wächst er womöglich nicht zuverlässig an.

#### WEITERE INTERESSANTE ARTEN UND SORTEN

- 'Greenspire' ist eine breit-pyramidenförmige Sorte mit schräg aufwärts stehenden Ästen.
- 'Streetwise' mit pyramidenförmigem Wuchs und schräg aufwärts wachsenden Ästen eignet sich für Standorte mit weniger Platz.
- 'Winter Orange' ist ein mittelgroßer Baum, dessen ein- und zweijährige Triebe orange leuchten und vor allem in Winter attraktiv aussehen.
- *T.* × *europaea* (Syn. *T.* × *vulgaris*, Europäische Linde) ist auf dem europäischen Kontinent verbreitet. Sie bildet zahlreiche Wildtriebe an der Stammbasis und der unteren Krone.
- *T. henryana* treibt bronzefarbig aus. Die Blätter haben borstige Spitzen.
- *T. tomentosa* (Silber-Linde) hat Blätter mit grüner Ober- und weißlicher Unterseite. Sie sehen besonders schön aus, wenn sie sich im Wind bewegen. 'Petiolaris' ist eine elegante Sorte mit Trauerwuchs.

# Chinesische Hanfpalme

*Trachycarpus fortunei*

Die chinesische Hanfpalme ist eine der wenigen winterharten Palmen, die in einem gemäßigten Klima gedeihen. Aus dem behaarten Stamm entspringen große, immergrüne, fächerförmige Blätter mit langen Stielen. Die chinesische Hanfpalme ist zweihäusig, es gibt also männliche und weibliche Pflanzen. Beide Geschlechter tragen kleine gelbe Blüten an langen, hängenden Rispen, aber nur die weiblichen Pflanzen entwickeln später runde, schwarze Früchte.

**Familie:** Arecaceae

**Höhe:** 5 m

**Breite:** 1,5–2 m

**Wuchsform:** vasenförmig

**Winterhart** bis −12 °C

**Standort:** volle Sonne oder Halbschatten

## STANDORT

Diese Palme gedeiht auf den meisten Böden, von Sand bis Lehm, sofern sie gut durchlässig sind und nie staunass werden. Der Standort sollte windgeschützt sein, damit starke Böen die Blätter nicht zerreißen. Die chinesische Hanfpalme ist ein schönes Solitärgehölz mit exotischer Anmutung.

## KULTUR

Diese Palmen werden üblicherweise in Containern gezogen, da sie ein Gewirr aus faserigen Wurzeln bilden und sich daher aus einem Container leichter einpflanzen lassen. Es gibt sie in einer Vielzahl von Größen, meist mit klarem Stamm, manchmal aber auch mit mehreren Stämmen, die aus der Basis herauswachsen.

## PFLEGETIPP

Wenn die älteren Blätter gelb werden und vom Stamm herabhängen, können sie mit einer scharfen Säge oder Gartenschere dicht am Stamm entfernt werden, damit die Pflanze ordentlich aussieht. Dabei wird gleichzeitig das Blätterdach angehoben.

**WEITERE INTERESSANTE ART**

- *T. wagnerianus* sieht *T. fortunei* ähnlich, wächst aber langsamer und hat kleinere, steifere Wedel. Darum eignet sie sich besser für windige Standorte.

**TROPENFLAIR**

Diese Palme wurde 1849 aus Zentralchina von Robert Fortune eingeführt und nach ihm benannt. Sie eignet sich gut, um dem Garten ein bisschen Tropenflair zu verleihen.

# Japanische Zelkove

*Zelkova serrata*

Die Japanische Zelkove ist ein mittelgroßer bis großer, breit ausladender Baum mit einer schönen, symmetrischen, abgerundeten Krone. Die glatte, graue Rinde wird im Alter schuppig und zeigt eine orangefarbene Tönung. Die kleinen, gezackten, zierlichen Blätter färben sich im Herbst bronzegelb und rot (siehe Seite 50).

**Familie:** Ulmaceae

**Höhe:** 10–18 m

**Breite:** 10 m

**Wuchsform:** in der Jugend vasenförmig, später rundlich

**Winterhart** bis –23 °C

**Standort:** volle Sonne oder Halbschatten

## STANDORT

Dieser Baum braucht einen großen Garten, damit seine ausladende Krone gut zur Geltung kommt. Pflanzt man ihn in einen Kübel, wird seine Wuchskraft gehemmt und er bleibt klein (siehe Seite 88). Er wächst in jedem tiefgründigen, sauren oder alkalischen, feuchten, aber gut durchlässigen Boden an einem geschützten Standort. Wenn er angewachsen ist, verträgt er Trockenheit und verschmutzte Luft.

**ULMENSTERBEN**
Obwohl die Japanische Zelkove zu den Ulmengewächsen gehört, ist sie resistent gegen die holländische Ulmenkrankheit.

## KULTUR

Kaufen Sie die Japanische Zelkove als Ballen- oder Containerware. Sie ist in verschiedenen Größen von 1–7 m Höhe als Hochstamm oder mehrstämmiger Baum erhältlich.

## PFLEGETIPP

Wenn die Japanische Zelkove als kleiner Baum mit dünnem Stamm gepflanzt wird, krümmt sich der Stamm manchmal durch das Gewicht der Krone. Wer das vermeiden möchte, sollte den Stamm nach dem Pflanzen an einen stabilen Pfahl binden, damit er gerade wächst.

**WEITERE INTERESSANTE ARTEN UND SORTEN**

- 'Green Vase' ist ein mittelgroßer, vasenförmiger Baum mit leuchtend grünen Blättern im Sommer und attraktiver Herbstfärbung.
- 'Village Green' wächst schnell und bildet eine vasenförmige, breite Krone.
- *Z. carpinifolia* (Kaukasische Zelkove) ist ein großer Schattenbaum mit kurzem Stamm und schräg aufwärts wachsenden Ästen.

# *Probleme und Lösungen*

*«Bäume sind wie Menschen, mal launisch, mal gestresst, aber wunderschön, wenn sie zufrieden sind.»* (Tony Kirkham)

Bäume im Garten können viel Freude bereiten. Genauso groß ist aber die Enttäuschung, wenn Schädlinge und Krankheiten ihnen zusetzen oder sie aufgrund von Standortproblemen nicht richtig wachsen. Wer Bäume im Garten hat, sollte zu allen Jahreszeiten wachsam sein und seine Schützlinge immer wieder begutachten, denn vorbeugen ist immer besser als heilen. Am besten sorgt man schon durch richtige Pflanzung, gute Pflege und sachgerechten Schnitt dafür, dass es gar nicht erst zu Problemen kommt. Wenn ein Baum Anzeichen von Stress zeigt, sollte man der Sache sofort auf den Grund gehen, bevor das Problem größer wird. Falls es nötig ist, einen professionellen Baumpfleger um Hilfe zu bitten, sollten Sie die Maßnahmen nicht zu lange hinauszögern (siehe Seite 45).

Die Liste der Schädlinge und Krankheiten, die Zierbäume befallen, ist lang und leider wächst sie weiter, weil jedes Jahr neue Schädlinge in den Gärten auftauchen. In diesem Kapitel werden einige der häufigsten Probleme beschrieben, darunter auch einige, die Ihren Teil der Welt vielleicht noch nicht erreicht haben – aber wer sie kennt, ist gewappnet und weiß, worauf er achten muss.

## SCHÄDLINGE

*Rehe, Rot- und Damwild*
Diese Tiere können Verbissschäden an jungen Bäumen und neuen Trieben verursachen. Männliche Tiere bewirken außerdem Fegeschäden, wenn Sie ihr Geweih oder Gehörn am Stamm reiben, um den Bast zu entfernen. Manchmal reißen sie Rindenstreifen ab, um ihr Revier zu markieren. Der Schaden kann so weit gehen, dass die Bäume absterben. Sinnvolle Schutzmaßnahmen sind Zäune oder Schutzmanschetten um junge Bäume.

*Eichhörnchen*
Die kleinen Nager entrinden gelegentlich Äste, um an den Saft des Baums zu gelangen. Gefährdet sind vor allem Eichen *(Quercus)*, Buchen *(Fagus)*, Ahorn *(Acer)* und Hainbuchen *(Carpinus).* Wenn diese Äste am Baum bleiben, ruinieren sie seine Kronenform. Mit der Zeit sterben sie ab und stellen, wenn sie abbrechen und herunterfallen, ein Sicherheitsrisiko dar.

Durch Wild verursachte Fegeschäden an der Rinde einer jungen Weide *(Salix).*

Halten Sie Ausschau nach den ersten Anzeichen von Blattschäden an der Rosskastanie, die durch die Kastanien-Miniermotte verursacht werden.

Die haarigen Raupen des Eichen-Prozessionsspinners fressen hier an Blättern der Stiel-Eiche *(Quercus robur).*

*Kastanien-Miniermotte*

Im Spätsommer und Frühherbst kann es vorkommen, dass sich alle Blätter einer ausgewachsenen Rosskastanie *(Aesculus hippocastanum)* braun färben und schließlich vorzeitig abfallen. Dadurch gerät der Baum unter Stress und wird anfällig für andere Schädlinge und Krankheiten. Verursacher dieser Störung sind die Larven der kleinen Miniermotte *Cameraria ohridella*, die sich zwischen die Ober- und Unterseite der Blätter bohrt und das Zellgewebe frisst. Um sie zu bekämpfen, harken Sie die abgefallenen Blätter zusammen und verbrennen Sie sie, denn die Eier der Motte überwintern in den abgefallenen Blättern.

*Eichen-Prozessionsspinner*

Der Eichen-Prozessionsspinner *(Thaumetopoea processionea)* befällt verschiedene europäische Eichenarten *(Quercus).* Er wurde 2005 versehentlich mit importierten Eichen nach Europa eingeschleppt. Die Larven des Falters ernähren sich von den Blättern der Eichen und fressen diese bis auf das Blattskelett ab. Während seines Lebenszyklus häutet sich der Falter sechsmal und verpuppt sich schließlich am Stamm oder an den Hauptästen des Baumes in einem Nest, das er aus Gespinstfäden und alten Haaren anfertigt. Die Motte schlüpft im Sommer und legt ihre Eier in Plättchen an den bleistiftdünnen Zweigen im oberen

Teil der Baumkronen ab. Wenn Sie die Raupen entdecken, sollten Sie sie nicht berühren, da die Haare giftig sind. Beauftragen Sie einen Fachbetrieb mit der Bekämpfung (siehe Seite 45). Auf Pflanzenschutzmittel kann dabei normalerweise nicht verzichtet werden.

*Pinien-Prozessionsspinner*
Der Schädling *Thaumetopoea pityocampa* stammt aus dem Mittelmeerraum und befällt Pinien. Er verbreitet sich zunehmend, beispielsweise auch in der Schweiz. Halten Sie die Augen nach typischen Anzeichen offen: Nester aus Gespinst, kahl gefressene Zweige und «Prozessionen» behaarter Raupen.

*Stamm- und astbohrende Insekten*
Es gibt mehrere dieser Schadinsekten, die Bäume befallen können. Einige treten bislang nur in Nordeuropa oder den USA auf, können sich aber weiter verbreiten. Dazu gehören Asiatischer Eschen-Prachtkäfer, Birken-Prachtkäfer, Ambrosia-Käfer, Asiatischer Laubholz- und Zitrus-Bockkäfer. Den Befall erkennt man meist durch «Sägemehl», das durch die Bohrtätigkeit rund um die Eintrittslöcher der Schädlinge am Baumstamm entsteht. Zweige mit Bohrschäden können abbrechen und gefährlich werden. Sie sollten entfernt und verbrannt werden. Es empfiehlt sich, anfällige Arten als mehrstämmige Bäume zu pflanzen, damit Sie gegebenenfalls befallene Stämme entfernen können, ohne dass der gesamte Baum verloren geht. Ziehen Sie im Zweifelsfall einen professionellen Baumpfleger hinzu (siehe Seite 45).

## KRANKHEITEN

*Platanen-Anthraknose*
Diese Krankheit befällt junge wie ausgewachsene Platanen *(Platanus)*. Der Schweregrad variiert von Jahr zu Jahr, abhängig von Niederschlägen und Temperatur. Ein typisches Anzeichen ist die an Frostschäden erinnernde Blattwelke (siehe Seite 136), gefolgt von vorzeitigem Blattfall im Frühsommer. Die einzige Bekämpfungsmaßnahme ist, abgefallene Blätter aufzusammeln und zu verbrennen, da die meisten gesunden Bäume die Anthraknose ohne größere Probleme überstehen.

*Eschentriebsterben*
Diese Krankheit wird durch den Pilz *Chalara fraxinea* verursacht. Betroffen sind Bäume jeden Alters, junge Bäume zeigen die Symptome jedoch früher und sterben schnell ab. Die Blätter welken und färben sich schwarz, die Triebe verkümmern und es bilden sich dunkle, rautenförmige Läsionen dort, wo die Äste am Stamm ansetzen. Wenn sich die Krankheit in einem ausgewachsenen Baum entwickelt, produziert er viel Totholz, weil die Spitzen der Baumkrone absterben. Die Krankheit lässt sich nicht bekämpfen. Ersetzen Sie den Baum durch eine Pflanze einer anderen Gattung.

*Bakterienbrand*
Bakterienbrand wird durch zwei Bakterienarten verursacht, die Stämme und Blätter von Obstbäumen, Zierkirschen und anderen *Prunus*-Arten befallen. Die Krankheit äußert sich durch abgestorbene Rindenbereiche an Stamm und Ästen, aus denen ein klebriger Saft austritt. Danach welken die neuen Triebe und sterben ab (ähnlich wie bei manchen Pilzerkrankungen).

Ein klebriger Saft, der aus dem Stamm von Kirschbäumen *(Prunus)* austritt, ist ein typisches Symptom des Bakterienbrands. Die Blätter welken und junge Bäume können absterben.

*Ganoderma applanatum*, der flache Lackporling, ist ein häufiger Fäulnispilz an Laubbäumen.

Teilweise werden keine neuen Triebe gebildet. Es entwickeln sich kleine braune Flecken, die schließlich Löcher in den Blättern hinterlassen. Da es kein Gegenmittel gibt, hilft nur gute Vorbeugung. Schneiden Sie Ihre Pflanzen im Sommer, wenn die Krankheit ruht. Kürzen Sie über die infizierten Bereiche hinaus zurück und sterilisieren Sie die Werkzeuge zwischen den Schnitten, um die Bakterien nicht auf gesunde Teile des Baums zu übertragen.

*Fäulnispilze*

Pilze, die das Holz zerstören, gehören zu den häufigsten Erregern von Baumkrankheiten. Je nach Ausmaß des Befalls kann die Holzstruktur so stark geschwächt sein, dass der Baum abstirbt, das muss aber nicht geschehen. Wichtig ist, zuerst die Art des Pilzes festzustellen, also ob es sich um Braun-, Weiß- oder Weichfäule handelt. Die meisten Pilze, die sich von feuchtem Holz ernähren, bilden im Herbst einen Fruchtkörper am Stamm, an dem sie sich identifizieren lassen. Holen Sie unbedingt den Rat eines qualifizierten Baumpflegers ein und bedenken Sie, dass auch ein hohler Baum noch sehr stabil sein kann (siehe Seite 45).

Der honiggelbe Hallimasch ist ein gefürchteter, tödlicher Pilz auf Baumwurzeln. Der befallene Baum mitsamt all seinen Wurzeln muss unverzüglich entfernt werden.

*Feuerbrand*

Diese Krankheit wird durch den Erreger *Erwinia amylovora* verursacht und tritt vor allem an Obstbäumen und Zierbäumen der Familie der Rosengewächse (Rosaceae) auf. Die ersten Anzeichen für Feuerbrand sind welke Blätter im Frühjahr bei feuchtwarmem Wetter während der Blütezeit; dann färben sich einzelne Blätter in der Krone schwarz. Schneidet man einen Zweig mit einer Gartenschere an, bilden sich im Holz oft Flecken. Um den Feuerbrand zu bekämpfen, schneiden Sie befallene Zweige bis auf nicht infiziertes Holz zurück. Sterilisieren Sie die Schnittwerkzeuge zwischen den Schnitten, um die Krankheit nicht weiterzuverbreiten.

*Honiggelber Hallimasch*

Der Honiggelbe Hallimasch *(Armillaria mellea)* ist ein zerstörerischer Forstschädling, der sich unterirdisch ausbreitet und sich von den Wurzeln der Bäume ernährt. Ein befallener Baum sieht insgesamt ungesund aus und bildet weniger und kleinere Blätter als zuvor. Die Äste sterben ab und an der Basis des Stamms tritt Fäulnis auf. Schließlich stirbt der ganze Baum ab. Im Herbst kann man kleine, honigfarbene Pilze an der Basis des Baumes wachsen sehen. Gegart sind sie essbar. Es gibt keine chemischen Mittel zur Behandlung des Hallimasch. Die einzigen Maßnahmen sind, die Bäume gesund und stressfrei zu halten und befallene Bäume mit ihren infizierten Wurzeln zu entfernen.

*Rost*

Diese Krankheit sieht unschön aus, tötet Bäume aber nur selten ab. Sie kann allerdings die Pflanzen schwächen, indem sie ihre Fähigkeit zur Photosynthese beeinträchtigt und ihre Anfälligkeit für andere Infektionen erhöht. Auf den Blättern erscheinen leuchtend orangefarbene oder rote Flecken, dann rollen sich die Blätter ein und fallen schließlich ab. Im Fachhandel sind verschiedene Fungizide erhältlich, mit denen man kleinere Bäume behandeln kann. Zur Bekämpfung und Vorbeugung ist ratsam, befallene Blätter einzusammeln und zu verbrennen.

*Phytophthora-Wurzelfäule*

Dies ist eine Pilzkrankheit, die Bäume auf schlecht drainierten, staunassen Böden befällt und die Wurzeln faulen lässt. Die Bäume sehen aus, als würden sie unter Trockenstress leiden, denn die Blätter welken und werden schließlich gelb. Es gibt keine Behandlung, daher ist die Vorbeugung wichtig: Pflanzen Sie beispielsweise keine Bäume auf feuchten Böden, ohne für Drainage zu sorgen. Wählen Sie für feuchte Standorte geeignete Bäume und bewässern Sie während Trockenperioden nicht zu viel. Bäume, die zu tief im Boden stehen, können ebenfalls an der Wurzelfäule erkranken.

*Echter Mehltau*
Ein pudriger weißer Belag auf den Blättern ist das Symptom einer Pilzkrankheit, die als Echter Mehltau bekannt ist. Die Blätter verkrüppeln, werden gelb und fallen vorzeitig ab. Echter Mehltau entsteht bei hoher Luftfeuchtigkeit und geringer Luftzirkulation, oft in schattigen Teilen eines Gartens. Fungizide können helfen, aber es ist besser, die Luftzirkulation zu verbessern.

*Xylella*
In den Mittelmeerregionen kommt das Bakterium *Xylella fastidiosa* vor, das bei einer Vielzahl von Laubbäumen verheerende Schäden verursachen kann. Die Symptome ähneln denen von Trockenheit (siehe rechts), Frostschäden (siehe rechts) oder einer Welkekrankheit. Die sichere Diagnose eines *Xylella*-Befalls ist nur im Labor möglich. Besonders gefährdet sind Olivenbäume *(Olea)* sowie Kirschen, Pflaumen und Mandeln (alle *Prunus)*, aber auch viele andere Laubbäume können befallen werden. Es ist außerordentlich wichtig, dafür zu sorgen, dass die Krankheit nicht in neue Gebiete eingeschleppt wird. Lassen Sie sich daher nicht dazu verleiten, Pflanzen oder Stecklinge aus dem Ausland mit nach Hause zu bringen. Kaufen Sie, wenn möglich, regional gezüchtete Bäume von Ihrer örtlichen Baumschule.

## STANDORTPROBLEME

*Verdichteter Boden*
Verdichtete Böden sind schlechter durchlüftet, der Gasaustausch ist gehemmt und es versickert weniger Wasser in der Wurzelzone. Dies belastet Bäume jeden Alters, weil Wurzelaktivität und Wurzelwachstum beeinträchtigt werden. Der Baum wächst kümmerlich, bildet totes Holz in der Baumkrone oder stirbt sogar ab. Abhilfe kann man schaffen, indem man den Boden um den Wurzelteller herum auflockert und mit organischem Material mulcht, um eine weitere Verdichtung zu verhindern. Außerdem sollte der Wurzelteller eines Baumes wenig begangen und nicht befahren werden, um nicht zur Verdichtung beizutragen.

*Trockenheit*
Einer der häufigsten Gründe dafür, dass junge Bäume nach der Pflanzung nicht anwachsen, ist Wassermangel in Trockenperioden. Es kann zwölf Monate dauern, bis ein Baum so gut angewachsen ist, dass er sich selbst versorgen kann. Trockenheitsstress äußert sich durch welke und vergilbte Blätter, die vorzeitig abfallen. Wenn die verschrumpelten Blätter am Baum bleiben, ist das ein Warnzeichen: Womöglich ist der Baum bereits abgestorben. Gießen Sie junge Bäume in Trockenzeiten regelmäßig, bevor sie Anzeichen von Stress zeigen. Zusätzlich sollten Sie die Baumscheibe mulchen.

*Frostschäden*
Frost im späten Frühjahr kann die jungen Triebe von Walnuss (*Juglans)*, Lebkuchenbaum (*Cercidiphyllum japonicum)* und anderen Bäumen mit fleischigen Trieben schädigen. Die neuen Triebe oder Blätter

Der pudrig-weiße Belag auf den Blättern einer Eiche *(Quercus robur)* ist ein typisches Anzeichen für Mehltaubefall.

Die braunen, vertrockneten Blätter dieser Walnuss *(Juglans regia)* sind vermutlich die Folge von spätem Frost. Vor allem junge Bäume sind anfällig.

welken und werden schnell braun oder schwarz, vertrocknen und fallen schließlich ab. Solange der Baum gesund ist, treibt er wieder aus. Bei längeren Frostperioden können die Wurzeln geschädigt werden, besonders wenn der Baum auf nassem oder staunassem Boden wächst. Extremer Frost kann auf den Blättern immergrüner Pflanzen «Frostbrand» verursachen. Pflanzen Sie empfindliche Arten nicht in Frostfallen und decken Sie zarte Pflanzen mit Vlies oder einem vergleichbaren Schutz ab, wenn Frost vorhergesagt wird.

### *Schäden durch Herbizide*

Die meisten Menschen wünschen sich einen unkrautfreien, sattgrünen Rasen, auch in Trockenzeiten. Rasendünger und Herbizide können jedoch in den Wurzelbereich der nahegelegenen Bäume sickern und diese schädigen. Werden Chemikalien bei heißem Wetter ausgebracht, können sie verdunsten, in die Äste der überhängenden Bäume aufsteigen und das Laub verformen oder abtöten. Vermeiden Sie Herbizide. Wenn unumgänglich, halten Sie sich an die empfohlene Verdünnung und wenden Sie sie niemals bei heißem Wetter an.

*Schäden durch Rasenmäher oder Freischneider*
Wenn die Rinde an der Basis eines Baumstamms mit dem Rasenmäher, Freischneider oder einem anderen Werkzeug verletzt wird, können die Zellschichten unter der Rinde dauerhaft Schaden nehmen. Abgestorbenes Gewebe bietet eine Eintrittspforte für Infektionen, außerdem wird der Wasser- und Nährstofffluss im Stamm beeinträchtigt. Wird die Rinde rings um den Stamm beschädigt, kann der Baum absterben. Um solche Schäden zu vermeiden, sollte die Baumscheibe frei von Gras und Unkraut sein, damit sie nicht mit Maschinen bearbeitet werden muss.

*Nährstoffmangel*
Die meisten Gärtner sind viel zu ordentlich. Jedes Jahr harken wir im Herbst das herabgefallene Laub vom Rasen und aus den Blumenbeeten zusammen. Dadurch entziehen wir dem Boden wichtige Nährstoffe. In der Natur verrotten herabgefallene Blätter, Früchte und Zweige und geben dabei ihre Nährstoffe an den Boden und damit an die Pflanzen zurück. Diese Bedingungen können wir imitieren, indem wir die Baumscheiben mulchen und das abgestorbene Laub auf diesen Flächen verteilen. Die Bäume werden es Ihnen danken.

Eine unkrautfreie, gemulchte Baumscheibe sieht sauber aus, ist leicht zu pflegen und hilft, den Baum gesund zu halten.

*Aufgeschütteter Boden über Wurzeln*
Bei Bauarbeiten im Garten kann es vorkommen, dass Erde auf den Baumscheiben und bis an den Stamm heran aufgeschüttet wird. Dies kann sich nachteilig auf den Baum auswirken, da sich die Wurzeln im Laufe der Zeit bis zum ursprünglichen Bodenniveau entwickelt haben. Tragen Sie den Boden an diesen Stellen wieder ab. Bei größeren Mengen ist aber nicht auszuschließen, dass bereits Schäden entstanden sind.

*Zu tief gepflanzt*
Wenn zwei oder drei Jahre nach dem Pflanzen eines Baumes immer noch eine Stütze erforderlich ist, weil sich die Wurzeln im Boden beim Rütteln am Stamm noch bewegen und sich um die Basis des Baumes herum eine Lücke auftut, wurde der Baum wahrscheinlich zu tief gepflanzt. Dies wird den Baum letztendlich abtöten, weil er nicht anwachsen kann. Wenn der Baum jung genug ist und noch etwas Kraft hat, können Sie ihn ausgraben und in der richtigen Tiefe neu einpflanzen (siehe Seite 24). Andernfalls beginnen Sie von vorne und pflanzen einen neuen Baum in der richtigen Tiefe.

*Schäden durchs Anbinden*
Oft bleiben Pfähle und Binder nach der Pflanzung zu lange am Baum. Werden sie während der Wachstumsperiode nicht angepasst, können sie in die Rinde einschneiden oder der Pfahl kann am Stamm scheuern. Dadurch können irreparable Schäden entstehen. Entfernen Sie darum Pfähle und Baumbinder, sobald der Baum angewachsen ist und stabil steht (siehe Seite 30).

# *Arbeiten im Jahreslauf*

Bäume sind in der Regel pflegeleicht, wenn sie erst einmal angewachsen sind. Um ihnen optimale Bedingungen zu bieten, gibt es aber von Zeit zu Zeit etwas zu tun.

**FRÜHJAHR**

- Neu gepflanzte Bäume vor allem bei trockenem Wetter gießen. Auch Bäume, die in den letzten fünf Jahren gepflanzt wurden, kontrollieren und bei Bedarf bewässern.
- Baumbinder an neu gepflanzten Bäumen kontrollieren und ggf. anpassen (siehe Seite 30 und Seite 139).
- An jungen Bäumen einen Erziehungsschnitt durchführen (siehe Seite 42).
- Bäume in Kübeln regelmäßig gießen, nie ganz austrocknen lassen.
- Bäume in Kübeln regelmäßig umtopfen, bevor der Kübel die Wurzeln beengt (siehe Seite 88).
- Bäume in Kübeln regelmäßig mit ausgewogenem Dünger versorgen (siehe Seite 30).
- Alle Bäume regelmäßig auf Schädlinge und Krankheiten kontrollieren und bei Bedarf Gegenmaßnahmen ergreifen (siehe Seite 130).
- Bäume pflanzen, falls Sie es im Herbst versäumt haben (siehe Seite 24).
- Weichholzstecklinge schneiden (siehe Seite 32).
- Nach starkem Wind Bäume auf sichtbare Schäden und von ihnen ausgehende Gefahren kontrollieren (siehe Seite 34).
- Gartenbäume vom Fachmann kontrollieren lassen (siehe Seite 45).

**SOMMER**

- Neu gepflanzte Bäume bei trockenem Wetter bewässern.
- Sommerschnitt bei *Prunus*-Arten, um eine Infektion mit Bleiglanz oder Bakterienbrand zu vermeiden (siehe Seite 133).
- Sommerschnitt bei blutenden Baumarten (siehe Seite 38).
- Wildtriebe aus der Veredelungsunterlage entfernen (siehe Seite 43).
- Totholz entfernen, solange es noch gut zu erkennen ist (siehe Seite 39).
- Nehmen Sie sich die Zeit, Gärten und Arboreten zu besuchen, um Bäume zu finden, die Sie vielleicht in Ihren Garten pflanzen möchten.
- Schauen Sie sich in einer Baumschule um und bestellen Sie neue Bäume für die Herbst- oder Winterpflanzung (siehe Seite 20).
- Halbreife Stecklinge von Koniferen schneiden (siehe Seite 32).

## HERBST

Nun beginnt die Pflanzsaison. Im Herbst gepflanzte Bäume haben Zeit, um neue Wurzeln zu bilden, sodass sie bis zum Frühjahr, wenn es trockener wird, bereits teilweise angewachsen sind.

- Nach dem Pflanzen die Baumscheibe gut mulchen (siehe Seite 29).
- Samen von Bäumen sammeln und aussäen (siehe Seite 30 und Seite 58).
- Im Herbst sollten Sie Ihre Bäume auf Fäulnispilze untersuchen (siehe Seite 134), die jetzt beginnen, Fruchtkörper zu bilden.
- Das Laub von Bäumen, die mit Schädlingen und Krankheiten befallen sind, einsammeln und verbrennen. Diese zu kompostieren ist keine gute Idee, weil manche Erreger die Kompostierung überstehen und weitere Pflanzen befallen können.
- Sobald junge Bäume angewachsen sind, die Baumpfähle entfernen, um Schäden an der Rinde zu vermeiden (siehe Seite 30).
- Blätter mit schöner Herbstfärbung sammeln und pressen (siehe Seite 50).

## WINTER

- Wurzelnackte Baumschulware pflanzen (siehe Seite 24).
- Im Container gezogene Bäume können noch bis in den Winter hinein gepflanzt werden.
- Baumscheiben von Unkraut befreien und mit organischem Mulchmaterial abdecken (siehe Seite 29).
- Herbstlaub zusammenrechen und kompostieren. Wenn es verrottet ist, kann es wieder auf den Baumscheiben verteilt werden.
- Stecklinge von Laubbäumen schneiden und in gut durchlässiges Substrat pflanzen (siehe Seite 31).
- Falls nötig, Bäume schneiden. Vor allem Bäume, die Saft verlieren, sollten während der Ruhezeit geschnitten werden (siehe Seite 34).

# Register

*Kursiv* gedruckte Seitenzahlen verweisen auf Abbildungen, fett gedruckte Seitenzahlen verweisen auf den Haupteintrag.

1. Auflage 2022

ISBN 978-3-258-08260-8



Aus dem Englischen übersetzt von Wiebke Krabbe, DE-Damlos
Lektorat der deutschsprachigen Ausgabe: Frauke Bahle, DE-Freiburg
Satz der deutschsprachigen Ausgabe: Die Werkstatt Medien-Produktion GmbH, DE-Göttingen

Konzept, Gestaltung und Produktion: Frances Lincoln, an imprint of the Quarto Group
The Old Brewery, 6 Blundell Street London, N7 9BH, United Kingdom
www.QuartoKnows.com

Die englischsprachige Originalausgabe erschien 2021 unter dem Titel *The Kew Gardener's Guide to Growing Trees* bei Frances Lincoln, einem Imprint der Quarto Publishing Group.


Printed in China

Um lange Transportwege zu vermeiden, hätten wir dieses Buch gerne in Europa gedruckt. Bei Lizenzausgaben wie diesem Buch entscheidet jedoch der Originalverlag über den Druckort. Der Haupt Verlag kompensiert mit einem freiwilligen Beitrag zum Klimaschutz die durch den Transport verursachten $CO_2$-Emissionen. Wir verwenden FSC®-Papier. FSC® sichert die Nutzung der Wälder gemäß sozialen, ökonomischen und ökologischen Kriterien.

Diese Publikation ist in der Deutschen Nationalbibliografie verzeichnet. Mehr Informationen dazu finden Sie unter http://dnb.dnb.de.

Wir verlegen mit Freude und großem Engagement unsere Bücher. Daher freuen wir uns immer über Anregungen zum Programm und schätzen Hinweise auf Fehler im Buch, sollten uns welche unterlaufen sein. Falls Sie regelmäßig Informationen über die aktuellen Titel im Bereich Natur erhalten möchten, folgen Sie uns über Social Media oder bleiben Sie via Newsletter auf dem neuesten Stand!
www.haupt.ch

*Für meine Mutter*

**Bildnachweis**

Asako Kuwajima: 113

GAP Photos: 28 links (Friedrich Strauss); 89 unten rechts (Friedrich Strauss)

Getty Images: 126 (Nastasic)

Metropolitan Museum of Art: 83 unten (Neuerwerb, Geschenk der Annenberg Foundation, 1993)

Shutterstock: 13 oben (kareemov1000); 13 unten (Jollanda); 106 (Viktoriia Janis)

Wellcome Collection: 81 oben rechts (Public Domain)